工业设计综合表现技法
分步解析

赵健磊　王国彬　刘　冠◎编著

中国建筑工业出版社

图书在版编目（CIP）数据

工业设计综合表现技法分步解析 / 赵健磊，王国彬，刘冠编著. —北京：中国建筑工业出版社，2012.12
ISBN 978-7-112-14763-2

Ⅰ. ①工… Ⅱ. ①赵… ②王… ③刘… Ⅲ. ①工业设计－绘画技法 Ⅳ. ①TB47

中国版本图书馆CIP数据核字（2012）第249123号

责任编辑：陈　皓　唐　旭
责任设计：陈　旭
责任校对：姜小莲　刘　钰

工业设计综合表现技法分步解析
赵健磊　王国彬　刘　冠　编著
*
中国建筑工业出版社出版、发行（北京西郊百万庄）
各地新华书店、建筑书店经销
北京锋尚制版有限公司制版
北京方嘉彩色印刷有限责任公司印刷
*
开本：787×1092毫米　1/16　印张：10　字数：250千字
2012年12月第一版　2012年12月第一次印刷
定价：68.00元
ISBN 978-7-112-14763-2
（22889）

目 录
Contents

第 3 章
透视原理及设计表现的要素和规律

第 4 章
设计表现范例分步解析

第1章 设计表现概论

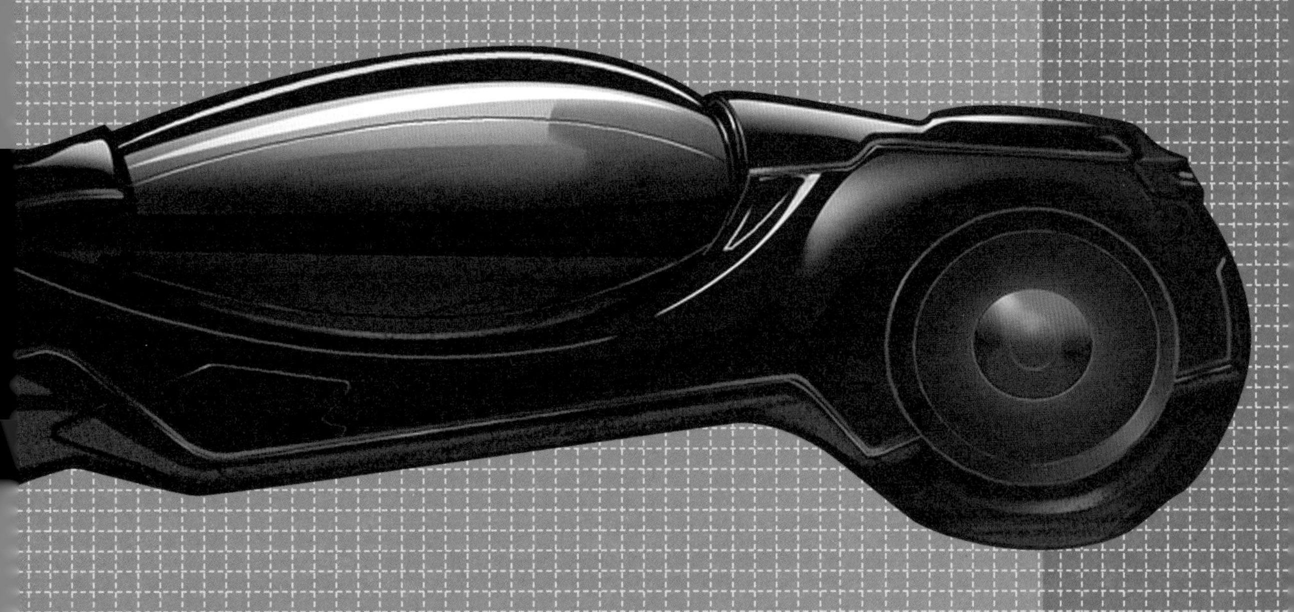

1.1 工业设计简述

1.1.1 工业设计与设计表现

随着社会经济的发展，人们的基本生活得到了良好的保障，并且进一步不断提高，人们对于衣食住行提出了更高的需求和期望。对于“设计”的关注超过了以往的各个时期。同时，在设计行业内，设计师对于设计的理论研究也在不断深化，对于设计文化的研究和探讨使得当代设计进入了一个更高的文化层面，设计的本源得到回归，大众再一次将目光的焦点投向设计本身，使之在一定程度上成为文化创意的代名词。

当代设计的概念较之以往已经有了很大的延伸，在这里设计不再仅仅是一种功能合理性和形式美观性的结合，更成为一种文化现象而存在。相关的现象、方式、技术、规则、手段等都成为了设计文化的内容。工业设计特别是产品设计作为艺术与科学的结合的代表学科，随着新兴产业的发展和科学技术的不断进步，以及人们对于生活水平需求的提高，不断深化着其学科的内涵。当今工业设计已经成为整个产业链当中不可或缺的一个环节，在整个产品制造环节当中发挥着至关重要的作用，并且深深地影响着产品制造的其他各个环节。这也给工业设计赋予了更多的专业责任和社会责任。因此对于设计师的从业素质也提出了更高的要求。作为一名具有责任感的工业设计师，首先要具备很强的专业技能，包括设计能力和表达能力；其次应当起到承上启下的沟通协调作用，能够将客户的需求与厂家的生产有效地整合，不仅更好地满足使用者的需求，也让生产者能够更好地把握生产环节，对产业整体运作不断进行优化和推动。

随着社会多元化的程度的不断加强，将需求更好地体现在物化的产品中，并赋予其所代表的企业文化乃至民族文化、时代文化，使其相互影响，

共同构架起当代工业设计所代表的意义。

进入21世纪，许多发达国家已将设计作为国家发展的基础产业之一，而在我国也将文化创意产业作为新的经济增长点之一。因此，设计的重要意义已毋庸置疑，作为即将进入“后工业时代”的中国设计师，所面临的问题复杂而紧迫。尽管如此，设计在其不断的发展和前进中始终有其不变、永恒或者说具有持久影响力的因素，而这些，正是在设计教学中教师所要认真考虑的问题。“以不变应万变”和“随机应变”都是可能影响设计教学的手段之一。而本书中所为大家提供的正是以这两种思路进行结合的产物。

手绘表现作为工业设计的基础课程，应当属于上文所谈到的设计中具有持久影响力的因素之一，无论是水彩、水粉，还是马克笔、喷枪乃至手写板都脱离不开这样一个基本事实，即创意的表达、形象思维的提高都离不开强有力的手绘能力。尽管随着时间的推移，越来越多的新型工具推陈出新，特别是计算机软件辅助设计的出现，使得很多学生更加倾向于依赖计算机而忽略手绘表现，这种现象对于在校学生的设计思维的拓展、形态和空间想象能力的发挥以及现场快速表现能力的提高都产生了巨大的负面影响。因此，我们在教学中坚持手绘表现教学，不放弃传统的手绘表现手段，因为手绘表现可以有效地提高学生的个人思维能力与实际操作能力，同时对于计算机软件辅助设计也能够起到良好的基础作用。我们可以大胆地预言，无论今后的计算机发展到何种水平，图形辅助软件功能如何强大，快速、灵动的手绘表现都将是设计师重要的表达手段之一。

1.1.2 设计表现与工业生产

设计在英文中称为“DESIGN”，其范畴除工业设计外，还包括环境艺术设计、视觉传达设计、服装设计、展示设计、陶瓷设计等诸多门类，这些门类的共同点就是“从无到有”、“想到、说到、做到”，能够将创意和构思转化成真实的形态乃至产品，是设计的内涵所在。

工业设计的设计程序对于产品的实现和投产有着重要的作用。在这个程序当中，手绘表现在其中占据了设计的先导地位，对于设计的完成打下了良好的基础。我们以两件投产产品的实例来对这一程序进行解读。

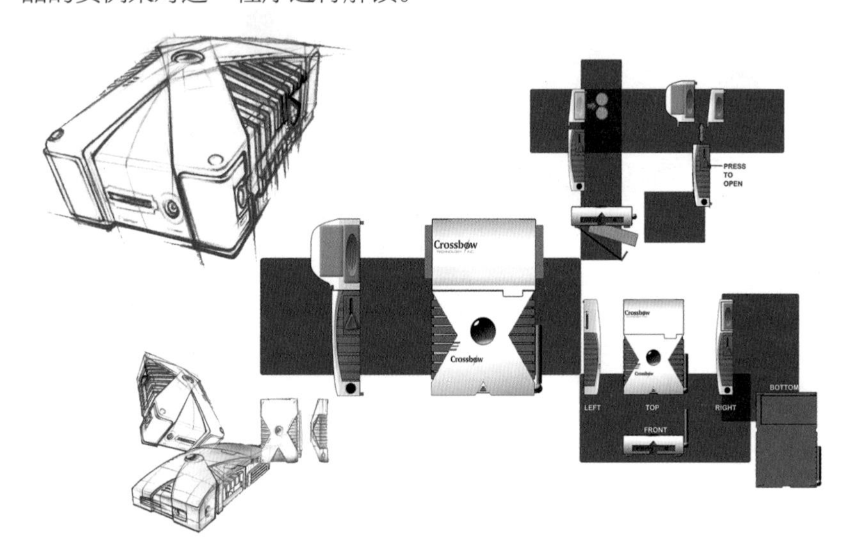

实例1 900M—手持对讲机设计

构思草图： 这是设计师在产品设计初期的造型设想和构思方案，是为了迅速抓住一闪而过的灵感，供设计师自我推敲和反复对设计的形态构思而进行的简练的记录，对于一些细节性的部分尽可能简化。

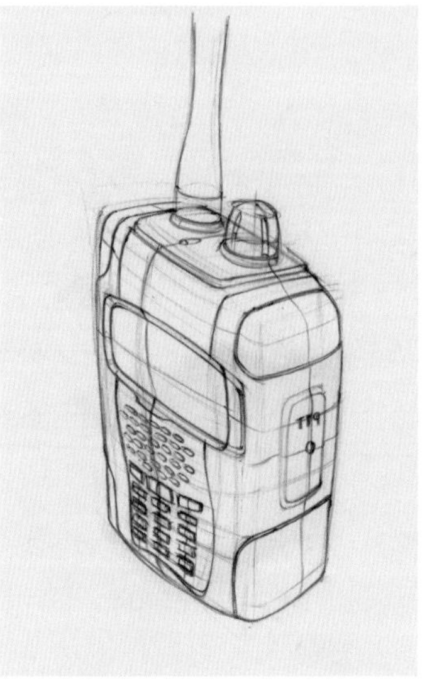

交流效果图：相对于设计草图而言，效果图通常是采用更加精确的尺轨和色彩来进行造型，如今在这一阶段大多采用计算机辅助设计进行三维的信息模型制作和渲染。

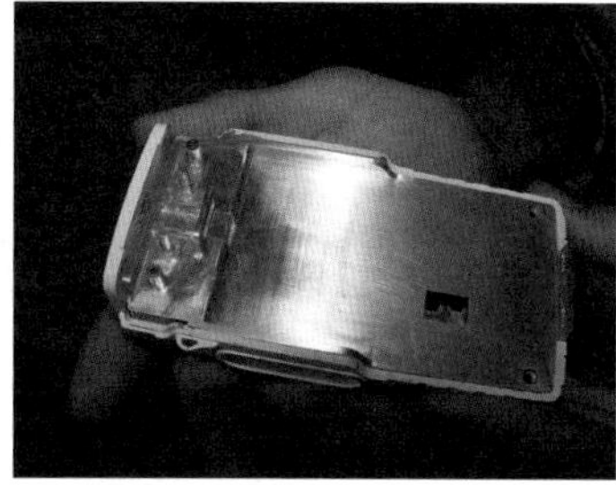

手板模型：产品的手板模型制作是产品进入到生产环节前的一道重要程序。手板模型对于确定最终产品的尺度、材料、色彩都起到了模板和标准的作用。手板模型完成后，产品即将进入到生产阶段。

投产产品：设计进入制造环节和流通环节才成为真正意义上的产品。工业设计不仅仅是图面作业的空想式的方案，而是真正为人的设计，是能够经由思维的抽象进而转化成能够服务于千家万户生活的真实的产品的过程。

实例2 车载空气净化器设计

构思草图

交流效果图

投产产品

1.2 设计表现浅析

1.2.1 设计表现的概念

设计表现作为设计师的一项基本技能，是设计师进行产品设计的必要步骤，是设计师围绕设计主题表达设计创意、记录设计构思、传递设计意图、交流设计信息，并在此基础上进行研究和分析，完成从构想到现实的整个设计的过程。本书中所涉及的设计表现主要集中在产品设计过程中，针对形象思考过渡到造型处理时的表现的方式，以及在产品设计过程中设计讨论阶段的沟通手段。在随后的内容中我们将从设计表现的分类、作用以及主要涵盖内容上分别进行介绍。

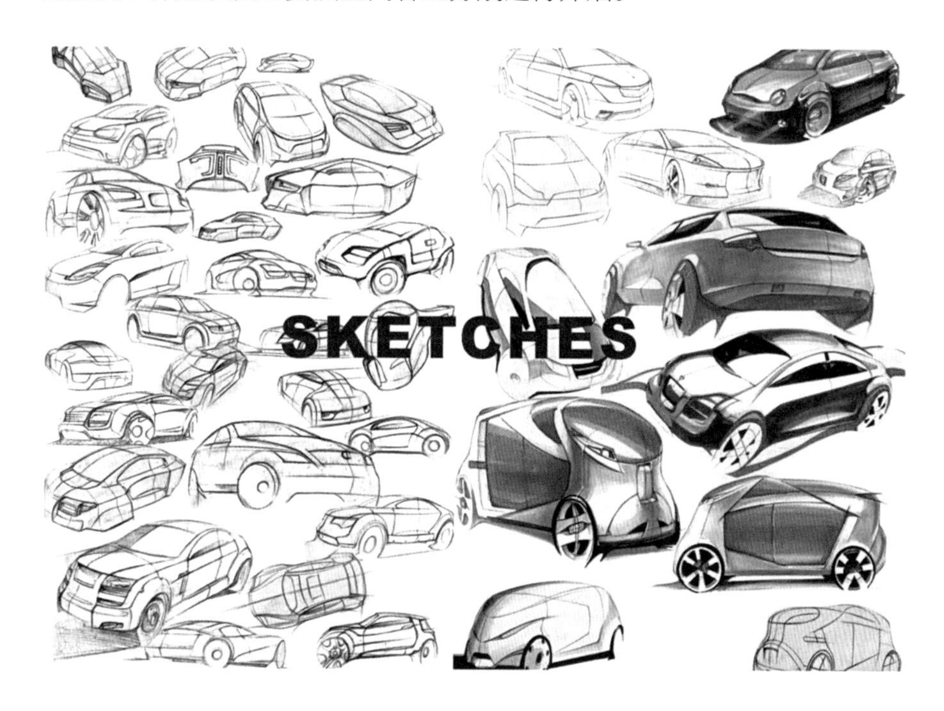

1.2.2 设计表现的分类

设计表现的分类方法根据习惯和侧重点的区别，有不同的分类方法，但通常根据整体设计流程进行划分，可以简单地划分为：前期构思阶段、中期细化探讨阶段、后期加工沟通阶段。

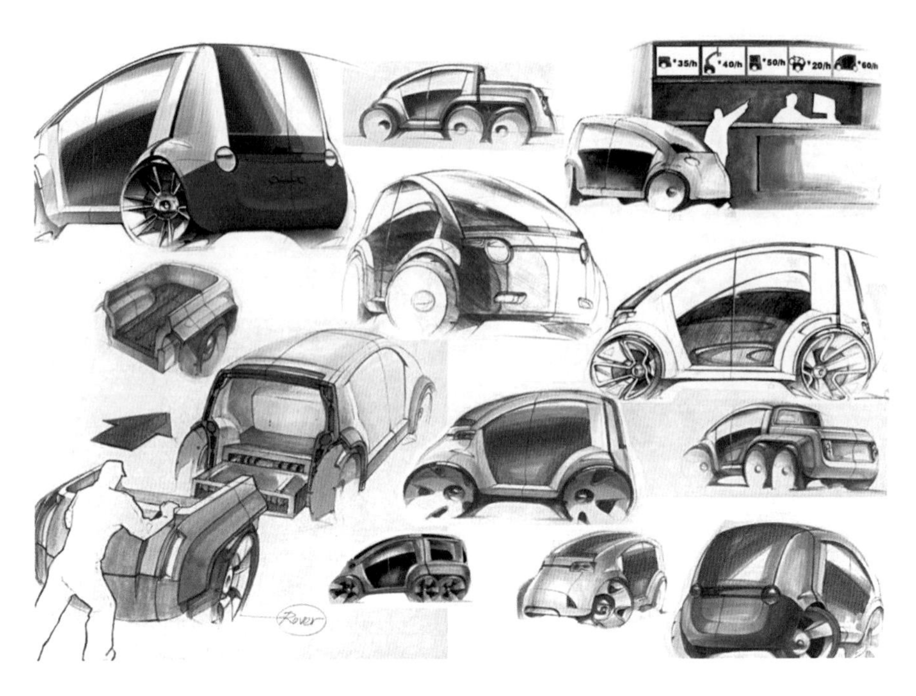

在图面种类上可以将设计表现作出如下分类：构思草图类、交流效果图类、工程图类。

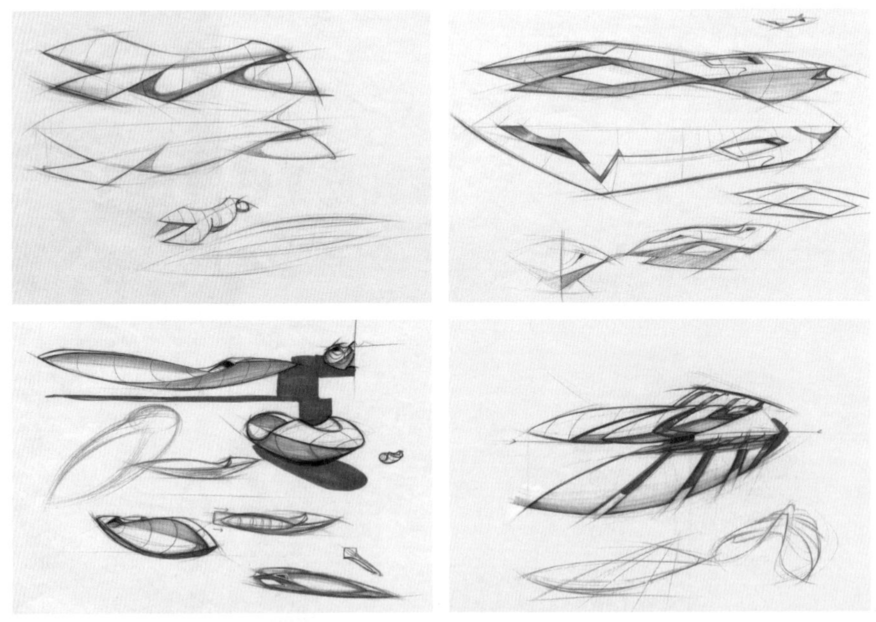

构思草图： 主要目的是让理念和形态构思简略地呈现在图面上，产生更直观的认识，同时服务于后续流程。主要突出的内容是产品的整体形态和理念物化的表达。主要方式是手绘。主要手法是以彩铅、马克笔等快速表达工具为主的简单表达。其表达的重点在于理念、形态、简洁。

交流效果图：主要目的是提供可供交流与推敲设计的具有一定完成程度的图面表现。主要突出直观的整体感受，并辅以相关概念说明。主要方式是借助多种表达手段，完成虚拟其最终使用状态的效果图。主要手法采用各种着色及渲染表现工具，包括颜料、色粉、数码着色、三维建模及渲染等表现手段。其表达的重点在于完整、真实、充分。

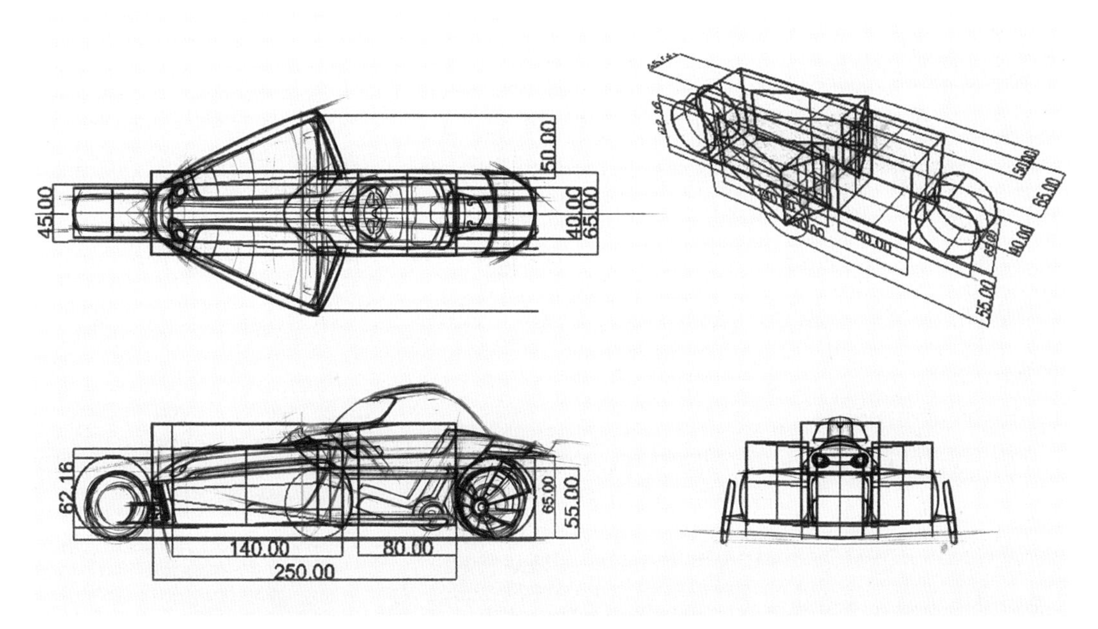

工程图类：主要目的是为交付加工提供可供参考的加工图纸。主要突出产品的准确参数和形态。主要方式是绘制符合机械制图规范的工程图纸。主要手法是采用明确线性的勾画工具，描绘产品的准确形态。其表达的重点在于准确、合理、适于加工。

1.2.3 设计表现的作用

1. 收集有效信息

设计师要经常用图形来记录最新最流行的设计信息、设计动态、时尚趋势及优秀作品，市场中出现的新产品以及图书资料，互联网中出现的各种产品设计与创新信息。这种图形表现较之文字记录更加直观与明确，可以弥补文字表达的不足。与单纯的图片储存式的信息收集不同，在设计师使用手绘方式记录信息时，对于方案的理解深度显然要超过单纯靠数码照片收集信息的方式。

2. 记录思考过程

随时随地关注生活，关注周围的事物，是一名合格的设计师的基本素质。而观察生活，有所感悟，要及时通过画笔记录各种生活环境中出现的问题和新的需求以及因其带来的设计灵感。设计表现可以很好地将这些直观地记录下来。很难想象，一名优秀的设计师是一个对于生活漠不关心、缺乏热情和思考的人。

3. 激发设计构思

设计师在方案构思过程中有很多方案是不成立需要放弃的，有很多方案是可以进行进一步深化的，还有很多方案是可以互相整合的。快速的设计表达可以对众多的方案进行直观的评价筛选，提供正确的反馈信息，以供进一步深化，或者由此而产生新的灵感和构思。而深入的设计表达则为产品的最终效果提供了直观的表现和保证。设计表达对于设计构思能够产生良好的反作用力，使设计师以最快的速度进入到设计的状态之中。

4. 提高造型能力

由于设计师经历过大量的训练，这样就使设计师对形态的总体和局部、局部之间的关系产生一种内在标准，这种独特的标准可使其在短时间内对形态的比例、结构、大小、线条等细节的协调性进行审美判断，并给予校正和新的尝试。此外，在画构思的草图的时候，很多草图方案的形态可以给设计师以新的启示和延展，产生意想不到的效果。

5. 设计交流反馈

工业产品设计是一个群体的工作，设计师往往要和工程技术人员进行交谈和配合，要让市场销售人员对产品进行预测。设计效果图是最清晰、最明确、最直观的交流语言，并对决策者作出最终决定提供更好、更直观的判断依据。

1.2.4 设计表现的内容

现代产品一般给人传递两种信息。一种是理性信息，如通常提到的产品的功能、材料、工艺等，是产品存在的基础；另一种是感性信息，如产品的造型、色彩、使用方式等，它们更多地与产品的形态生成有关。无论从哪个角度来看，好的产品设计应该首先给用户带来最佳的使用体验，满足用户的需求。产品设计正是以此为基础，融合了技术、材料、工艺等形成的一种系统的展开。我们知道产品设计表现不同于造型艺术表现，造型艺术追求感性美，其表现方式既可以是理性的，也可以是由艺术家的灵感突现产生的。但产品设计则必须首先满足用户的使用需求，形成一种技术性的解决方案。所以说，产品设计表现也必须以理性的逻辑思维来引导感性形象思维，最终的目的是以提供问题的解决方案为标准的。当然在这样的情况下，产品形态美不再仅仅是一种视觉感受，它更需要体现在产品本质上和产品与用户的交互过程中，而在这交互过程中就需要通过形态、色彩、材质、空间等元素共同构成产品设计的内在形象特征。而形态、色彩、材质、空间正是设计表现所要展现的具体内容，通过以上的要素，能够在最短的时间内展现出设计的概貌与内涵。

1. 形态

形态对于设计表现而言具有基础性的作用，工业产品设计的造型直接来源于对于功能和形式充分考虑后所进行的形态推敲。因此，造型形态的修养直接关系到设计表现的优劣。通过将复杂产品的造型形象进行概括和提炼，使之成为一些简单的形体，从而有利于对产品形态的理解，具体方法可以通过几何形、抽象形和变化了的具体形态的徒手表达，从而达到塑造形态的目的；

通过单色或部分上色的表现形式，从而达到预期设计效果。

产品形态与人的感觉、形的构成、内在的结构、物体的材质、使用功能等密切联系，是可被感受的产品外观的形与体，也可理解为产品外观的视觉因素。

对于设计而言，其设计思想最终将以实体形式呈现，即通过创意视觉化，用草图、效果图、结构模型及产品实物形式加以表现，充分再现设计的意图。

设计师通常利用特有的造型语言进行产品形态的设计，并借助产品的特定形态向外界传达自己的思想和理念。设计师只有准确地把握“形”和“体”的正确关系，才能求得人对产品在视觉上和情感上的广泛认同。所谓“形”是二维的，是平面的；而“体”是三维的，是立体的。只有“形”与“体”达到协调与统一，才能够充分体现出产品的设计内涵。而“形”与“体”的表达在设计表现中也有着重要的意义，所不同的是设计表现有着自身的独特规律和造型手法，并且设计表现不是为了表现而表现，而是为了真正解决问题和实现产品投产而进行的必要步骤。

此外，产品的形态对于人们的内心情感起着直接的关系。比如，圆形、椭圆、弧形显示柔和、顺畅、包容、亲切；而菱形、矩形、立方体则给人挺拔、坚实、利落的感受。正确地把握形态感受不仅可以准确地传达设计者的创作意图，也能保证受众对于产品的认同。

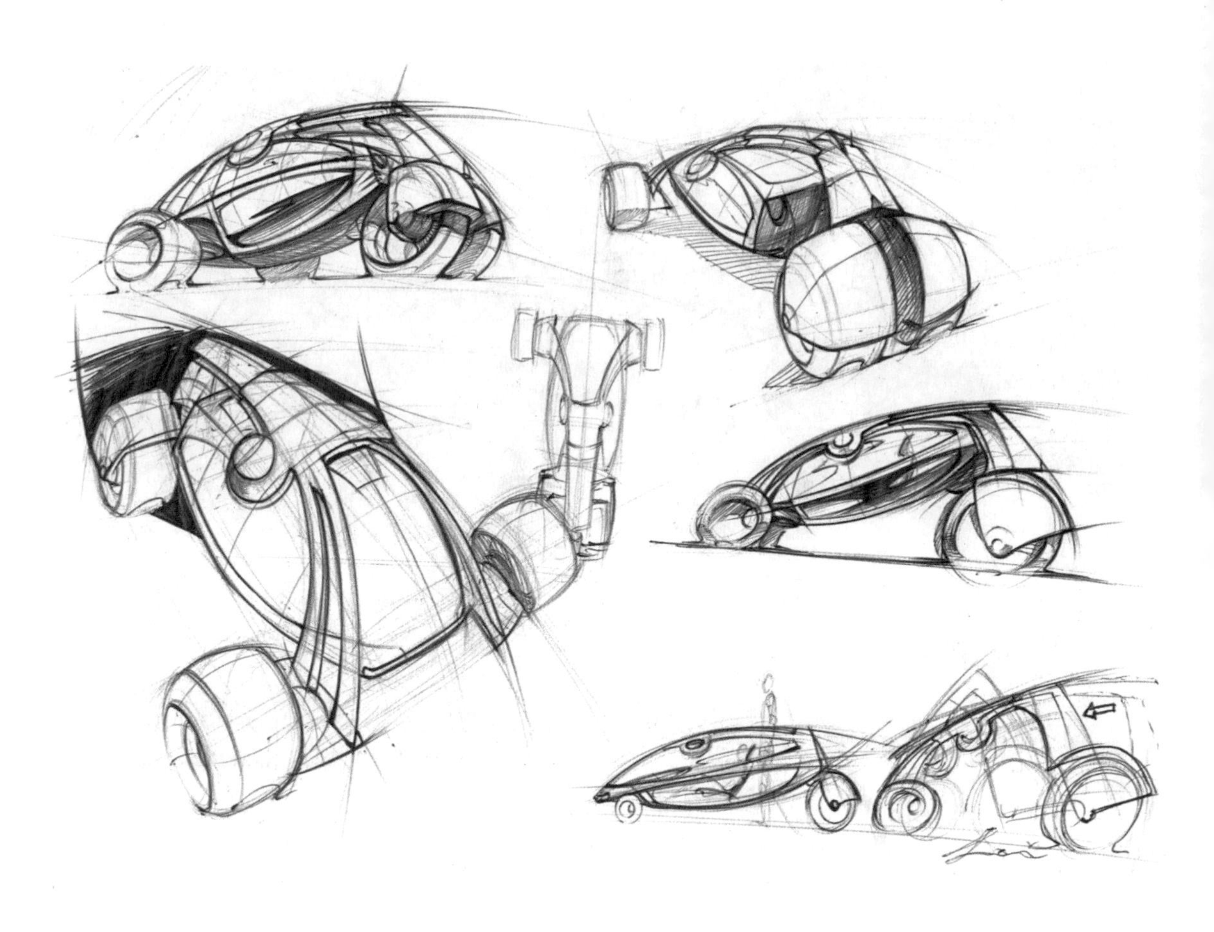

但是如果深入观察我们身边的产品，我们不难发现，单独形体的产品为数不多，多数产品从形态上来说还是符合形态规律的产品。当涉及形体的结合而不再仅仅是一个单一形态的时候，我们就不能再单纯地考虑单一形体的情感，而是应当重点考虑其互相之间的关系与排布方式，从中控制一种节奏。通过这种节奏来把握产品最终要传达的情感。例如：紧凑而密集的排布更能突出产品自身的实用性；将不同形体排布并贴合人体部分曲线，会更加突出舒适性；大体量对称阵列表现庄严；不对称形状表现自由。熟练地掌握形态排布便是设计所追求的一种韵律感。

让我们再回到设计表现，从单一形态上说，掌握好单一形态的空间关系是做好设计表现的基础，它主要体现在空间透视的正确和对光感色彩的把握。而就像上文所说，设计表现中往往需要表达的都是一些复合形态，那么对于它们的空间透视、光感色彩的表达就不像单一形体那么简单。不仅要考虑到每一部分自身的因素，还要考虑它们之间的相互影响。同时为了将产品设计表现做得更好，还要进一步把握产品和环境之间的关系，这样不仅更容易被人所接受，而且也能够发现产品在现实环境可能出现的新问题。

2. 色彩

设计表现——尤其效果图是一种对虚拟现实和理念物化状态的表现形式，在充分表现其功能性和审美性的同时，需要一种接近真实的视觉效果进行传达，也就是最大限度地呈现产品的实现状态；同时人们对于初期设计产品的认识，也往往是从设计表现图中认识产品的形态、功能、使用方式等相关信息，这使得产品的准确表达成为设计的重要环节，通过恰当和准确的还原设计原始理念，确保产品信息正确地传递到受众眼中。让设计表现的受众在正确接受产品相关信息的同时，产生一种可信的认同感，这样才是一种设计表达的正确回馈，而在这一过程中，色彩起到了至关重要的作用。

色彩作为工业设计特别是产品设计的另一重要手段，向观者传达所表现的产品的类型，可以反映产品的功能特性。就色彩的基本规律而言，通常由三个主要部分构成，即固有色、光源色、环境色。

通常情况下，我们把日光下物体呈现出来的色彩效果统称为固有色。严格来说，固有色是指物体固有的属性在常态光源下呈现出来的色彩。固有色，就是物体本身所呈现的固有的色彩。对固有色的把握，主要是准确地把握物体的色相。在产品表现中我们可以将固有色归纳为能够反映产品自身的物理材料属性的视觉效果。

由于固有色通常在一个物体中占有的面积最大，所以对它的研究就显得十分重要。一般来讲，物体呈现固有色最明显的地方是受光面与背光面之间的中间部分，也就是所谓的灰部，我们称之为中间色彩。因为在这个范围内，物体受外部条件色彩的影响较少，它的变化主要是明度变化和色相本身的变化，它的饱和度也往往最高。固有色在设计表现图中起到了标示产品本身色彩的作用，尽管在不同的光源和环境下，产品本身所呈现的色彩并不恒定。

色彩的本质是光，光线和色彩有着密切关系。宇宙万物之所以呈现出各种色彩面貌，各种光照是先决条件。自然界的物体对色光具有选择性吸收、反射与透射等现象。同时，光线也是表现物质体积感、真实感的重要因素之一。从光线与色彩的关系来讲，物体表面的色彩是由其反射的光线决定的。因此，物体的明暗度，同样是色彩与光线结合后

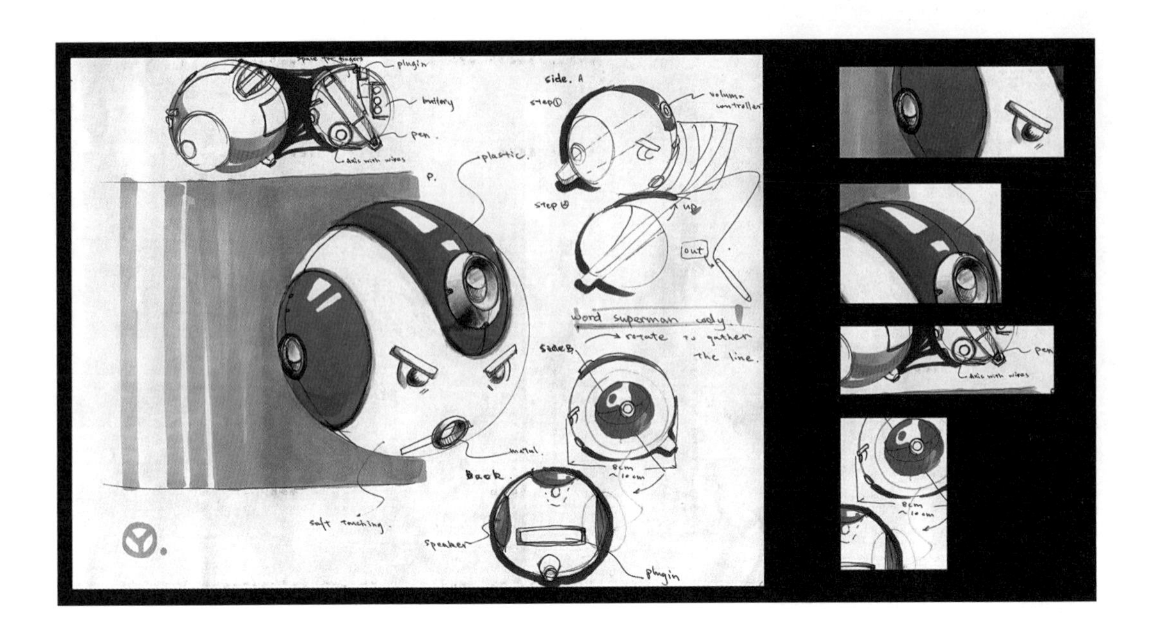

所体现产品的形态特征之一。在产品设计表现中，产品表面的颜色会随着光线照射角度的不同而发生变化。因此明暗度在产品设计表现中有着表达物体结构和形态的重要意义。而光线的冷暖直接影响到设计表现中产品的光源色，通常在日光下，光源色呈现出冷色，所表现的产品反射出天空的冷色；而在灯光环境下，光源色呈现出暖色，所表现出的产品反射出灯光的暖色。在产品设计表现中光线是一个相当微妙的要素，但是当设计师自觉对其加以运用时，它又成为一个富有表现力的要素。在设计表现中，当光线落在一件产品上时，会形成一定的明暗关系，产生高光、阴影。根据光源的角度和强度判断是自然光还是人造光，因为这些光线效果对于产品表现将会有相当大的影响，优秀的设计师善于利用光线充分表达产品的形体和色彩效果，将产品的功能与现实完美地进行展示。

此外，在光照下的物体受环境影响会改变固有色，而显现出一种与环境一致的颜色，我们称之为环境色。当光线照射到物体的同时并不是单纯地和产品主体发生关系，整体环境都受到了光线的作用，各种物体的反射程度也不同。通过对于环境光源的表达，我们能够更好地表现产品的物质属性，同时产生一种真实感，将图面上虚拟的表现环境渲染得更加真实可信。物体表面受到光照后，除吸收一定的光外，也能反射到周围的物体上。尤其是光滑的材质更具有强烈的反射作用，特别是在暗部中反射较明显。环境色的存在和变化，能够加强设计表现中色彩的呼应和联系。设计表现中在描绘光洁曲面和金属产品时，环境色体现为强烈的反光效果。比如一款金属产品，在图面上被放置在色彩丰富的环境中，由于其自身的材质属性，会反射各种环境光，将环境光补充在物体上之后，整体的图面效果会更加真切，同时由于不同位置表面反射的不同环境光色，对于物体形态能够产生更强的体积感。

3. 材质

产品设计中不同的材质其表面的自然特质各不相同，不同的质感给人以软硬、虚实、滑涩、韧脆、透明与浑浊等多种感觉。在设计表现中把对不同物象用不同技巧所表现出的真实感称为质感。这种质感实质上就是对于真实材质的模拟与再现。材质的不同对于产品来说会出现视觉效果、使用方式乃至整体感受等多方面的差异，所以在表现材质效果时需要考虑多方面的因素。同时运用不同的表现形式与之对应。我们在表现的时候就可以考虑使用对应工具，例如在表现大色块的产品时就可以酌情使用底色与之相同的纸张和同色系的色粉、马克笔。在一些特殊材质的表现上，比如在表达玻璃的透明质感上，可以主要依靠高光笔将高光带重点表现。

对于材料的质感肌理的表现，除了对于固有色的描绘之外，更重要的是对于物体透光和反光程度的描绘。归纳起来，大致可以分为反光材料，透光材料和吸光材料。反光材料如金属材料、塑料、陶瓷等，其特点是具有反光性，但不透光，受光部与背光部有明显的明暗反差；有的材料具有强反光特性，如金属材料；有的材料具有弱反光特性，如塑料等。透光材料如玻璃、有机玻璃、透明塑料等，其特点是具有光的透射与折射，高光强烈，因折射产生的光线变化丰富。吸光材料如橡胶、皮革、木材、石材等，其特点是光线在物体表面分布均匀，反光不强烈，通常要通过材料本身的纹理加强材料的质感。此外，不同材质给人的视觉和心理感受也不尽相同。不同材质传递出不同的信息，巧妙地处理好各个材质之间的关系，不仅能够使整体产品张弛有度，还能够展现出材质的合理性、感性美。进行产品设计时应当熟悉不同材质的性能特征，对肌理、结构等方面的关系进行深入的分析和研究，更加切实地表现出产品设计的意图。

4. 空间

产品设计只有借助其外部形态特征才能成为人们的使用对象和认知对象，所以产品在设计过程中始终应围绕着这些内容展开设计的表达。同时这也正是使设计表现呈现完美效果的基础。“空间并非指环绕物体周围普通空间的一部分，它本身就是一种物质，使物体的一个构成部分和其他任何硬质材料一样，它具有表达体积的能力。”一件作品的空间存在是某种只能被感觉到的东西，它通常是看不见的，除非它被限制在作品的轮廓以内，而对作品存在的大小尺寸的估计是很主观的，这不仅取决于作品，而且也取决于人们的意识和个性。设计师通过对产品空间属性的把握，传达给人们一种不同情感的体验，设计表现也是这样。

产品设计的基础在于形态的表达，这也是它自身不可忽略的空间属性。同时产品设计的空间属性还是表达设计主题的一个重要方面，它通过自身的尺度、体量、比例对受众的心理体验产生不同的直接影响。让受众产生设计师通过产品传达的内心感受，或许含蓄或者夸张，都是直接作用于受众内心，让安全感、亲切感、自豪感等种种情感得以彰显。“立体”与“空间”这两个概念在设计表现当中尽管耳熟能详，但二者的区别显而易见。“立体”是一个三维的实体概念，是一个有长、宽、厚的形体，它代表了一个客观实在；而空间则是一个三维的虚体概念，具有物质运动的广延性，它所代表的是一个真实虚空。比如一栋建筑，从建筑的外部看是一个“立体”，而进入到建筑的内部，它则成为一个“空间”，而建筑本身是一个以立体方式围合的空间形态，其使用的重点恰恰是虚空的那一部分。设计表现不单纯局限在一个物体本身，还包括描绘环境与物体的关系。每件产品的存在都应考虑到与周围环境的呼应，它的功能与审美也因空间的自然状态或人为的雕琢而变得更加灿烂。

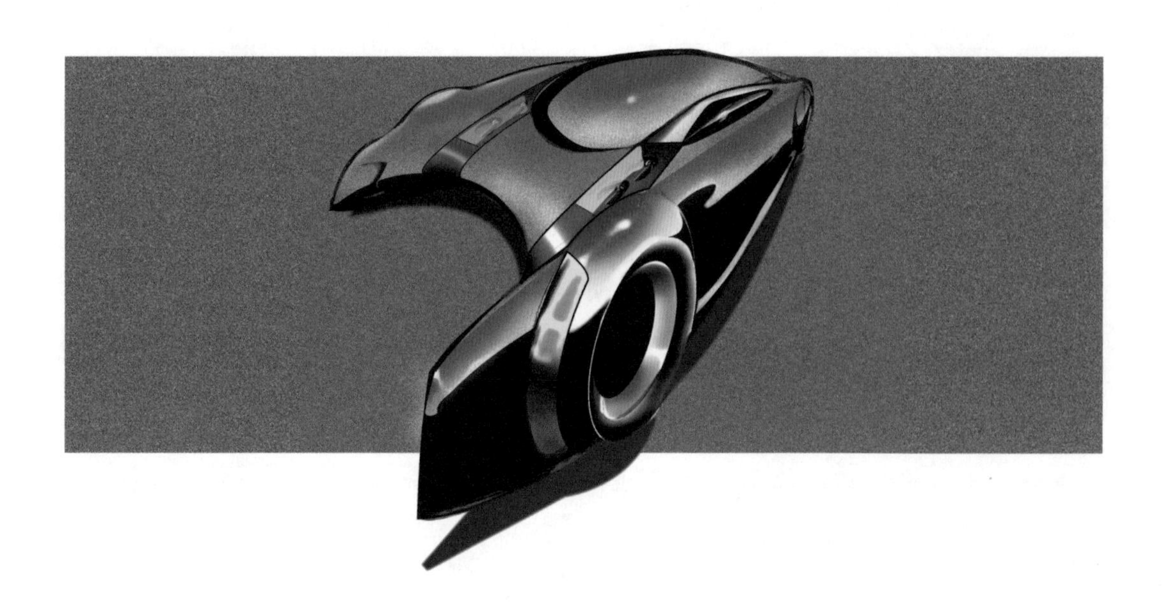

第2章

设计表现的工具及其使用方式

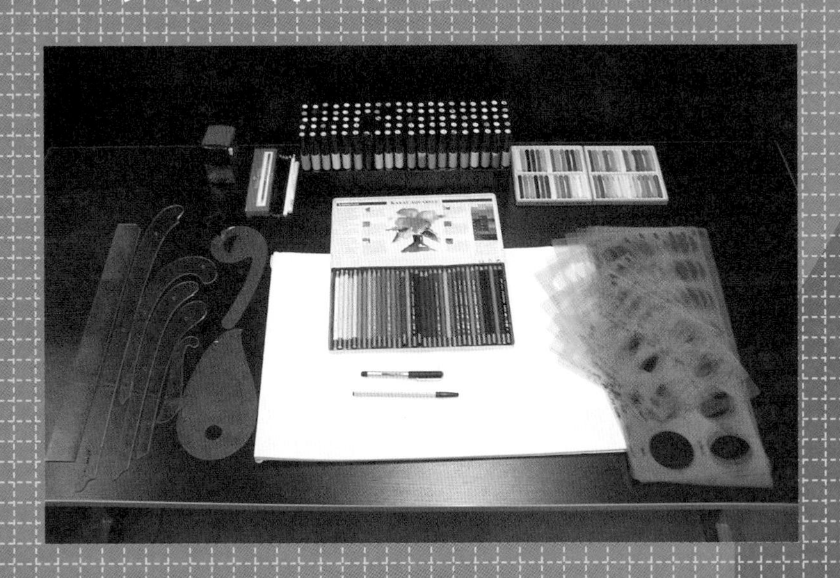

各种技法的实施因使用工具、使用材料的不同而呈现出不同的特点。配备一套适于自身的工具和画材，可以有效地提高设计表现的效率，利于工作方便快捷地进行。同时，设计表现的工具和材料也因其设计各阶段的要求不同而各有差异。在构思草图阶段，设计表现的技法没有特殊的要求，但进入到设计展开阶段时，需要同其他设计师或生产厂家进行沟通，特别是需要快速、大量地绘制方案以供研讨，这时工具和材料的选择就应选用一些速干、简便的签字笔和马克笔，辅助以彩色铅笔和彩色粉笔等。

2.1 笔类工具

2.1.1 勾线笔

线条在设计表现技法中的地位至关重要，有人将之称为设计表现的灵魂。在设计表现中，绝大多数造型是靠线造型的方法塑造的，因此产品的轮廓线、结构线，甚至辅助线等构成了画面中的主要视觉特征。绘制线形需要经过大量的手头训练，线条要求准确而不僵化，挺拔而不油滑，能够充分显示设计师基本功和技巧修养。

1. 铅笔

通常削尖的木制HB铅笔被用作勾线使用，但近年来铅芯直径为0.3mm、0.5mm和0.7mm的自动铅笔应用更广，可以节省大量时间，使用也更为方便快捷。此外彩色铅笔也被用来勾线，并且使用彩色铅笔绘制设计表现图时，具有易于掌握、着色均匀、描绘流畅等特点，特别适合用来表现明快、清爽风格的表现图。

2. 签字笔

又称针管笔，是使用最为普遍的勾线工具。设计表现中一般选用水性或油性签字笔。签字笔的型号非常多，笔尖直径在0.1 ~ 1.0mm都非常容易买到。

较之于铅笔来说，签字笔掌握起来的难度稍大一些，对于使用者的要求也比较高。签字笔的特点是线条的粗细和墨度均匀不变。使用签字笔时应选择几支不同型号笔尖直径的签字笔进行搭配，细笔描画细节，粗笔勾勒轮廓及结构线。使用签字笔绘制设计表现图，图面干净利落、清晰明快，同时，与其他工具也较容易结合，因此最为设计师所钟爱。

3. 面相笔

日本生产的一种勾线用毛笔，笔尖非常柔软，适用于勾勒细节部分。在表现高光点、高光线、轮廓线时也经常使用。

4. 钢笔

弯尖钢笔可以画出粗细不同的线条，表现层次关系好，多用来画速写、设计草图以及色彩图勾线。钢笔在使用中不易修改，因此对于使用者来说要求也比较高。通常在建筑设计中，钢笔最常被使用。

2.1.2 着色笔

设计表现中着色的技法有很多种，传统的设计表现手法有水粉、水彩、水色、马克笔等。所有这些形式，都是为了表现产品的光影、明暗面等效果，是为了使观者更加直观地了解设计师的构思理念与构思意图，正确地展现产品以便于双方的沟通与交流。

1. 马克笔

马克笔色彩丰富，携带方便，以一头宽、一头细的类型居多，是设计师不可或缺的工具之一。宽头马克笔在涂抹色块方面是最便捷的工具，细头马克笔可以用来勾画轮廓。马克笔有水性、油性和酒精性三种。使用马克笔时笔触较明显，不易表现色彩的柔和过渡。因此在使用时应用笔果断，快速准确，不宜重复涂抹。

此外，马克笔的灰色系特别丰富，有冷灰和暖灰等系列，可以有选择性地进行购买。

2. 彩色铅笔

彩色铅笔有水溶性和蜡性两种。用彩色铅笔着色类似于素描手法，比较易于掌握。水溶性彩色铅笔可以涂出非常细腻的色块。结合小块脱脂棉或面巾纸进行擦揉来进一步加强柔和的过渡，可以描绘出细腻柔和的图面效果。

3. 色粉笔

色粉笔又称为“色粉”，其最大优点是能够画出极其细腻柔和的图面效果，丰富的色块。无论是淡入淡出还是颜色过渡变化，效果都远远优越于其他工具。

相对而言，使用高档的水溶性彩色铅笔也可以画出细腻的色块，但是涂抹面积不能太大。而色粉笔非常适合大面积涂抹色块，特别是大面积的平滑过渡曲面以及柔和的反光，对于表现金属、玻璃等物体的质感具有很强的表现力。

4. 水粉笔

常用的水粉笔通常配合毛笔和板刷，利用水粉颜料、水彩颜料或水色颜料进行设计表现图的绘制，但随着设计工具和材料的不断发展，在当代这种设计表现的方式已经日趋减少了。

5. 喷笔

在计算机辅助设计之前，大多利用喷笔描绘精细的设计表现图，特别是效果图绘制。喷笔的使用要结合气泵等配套工具，现在已经很少使用其作为设计表现工具了。

6. 数位板

又称手写板，当代设计表现工具结合电子计算机有了革命性的突破，配合电脑屏幕使用的数字化数位板已经成为许多设计公司的选择，但数位板的使用也是以手绘表现为基础的。因此，尽管工具产生了变化，但过硬的手头功夫仍然是设计表现的基本保障。

尺规类工具

2.2.1 直尺和三角尺

直尺和三角尺都是用来画各种直线的，同时也是作透视图的基本工具。利用尺规工具进行不同的组合，就可以表现出各种各样的产品形态。

2.2.2 曲线尺

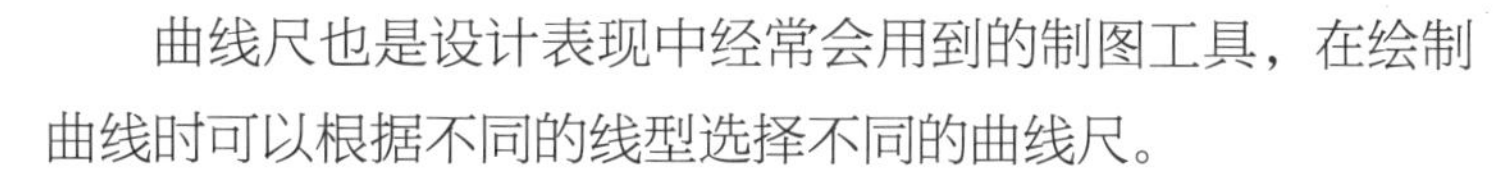

曲线尺也是设计表现中经常会用到的制图工具，在绘制曲线时可以根据不同的线型选择不同的曲线尺。

1. 弧形尺

是比组合尺有更多种曲线的高性能工业用曲线尺，由于可以自由表现较广范围的曲线，所以最适合于效果图作业。

2. 纸带图弧形尺

这是一种可替代几种曲线尺同时使用的，根据曲率半径设定的平滑的曲线尺。

2.2.3 模板

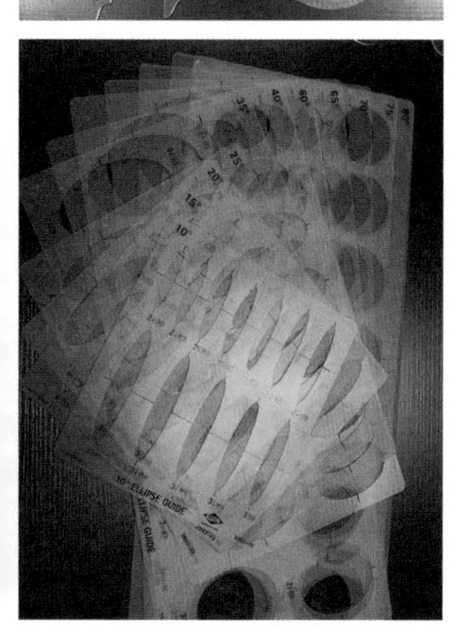

指的是各种圆形、椭圆形、多边形等多种几何图形的集成式模板。根据专业性质的不同，可细分为很多种，如汽车设计类、建筑与室内设计类、服装类等。

2.2.4 圆规

通常在设计表现中较小的正圆多采用圆模板绘制，但在绘制较大的正圆和透视的制图过程中，圆规的使用率还是非常高的。

2.3 辅助类工具

2.3.1 橡皮

专业的绘图橡皮，用于制图纸的画面修改。并且在彩色铅笔和色粉笔表现的图纸上，还可以作为绘图工具擦出高光和反光。

2.3.2 高光笔

白色的铅笔和涂改液经常被用做高光笔使用在设计表现图上，通常会结合马克笔或色粉笔使用，是一种非常实用的代用品。

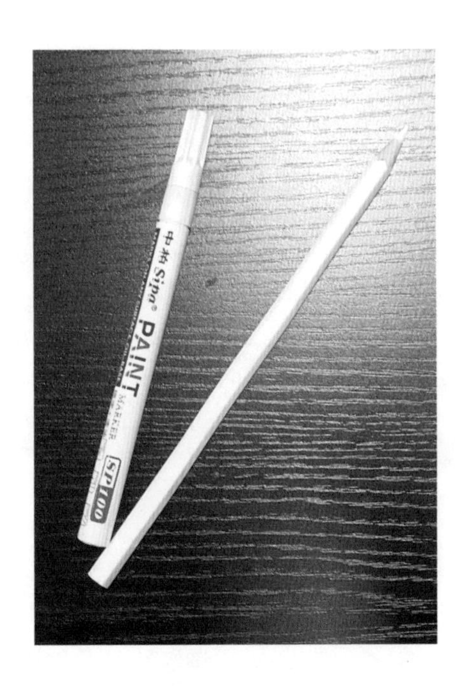

2.4 设计表现用纸

2.4.1 白色绘图纸

在绘制效果图时，通常采用白色绘图纸，其便于色粉、马克笔描绘，按标准版面设计，纸面的粗糙度、硬度、厚度以及渗透性适宜，且对马克笔、色粉、黑色笔、墨水等有较好的吸附性。

2.4.2 描图纸

描图纸透明度好，对铅笔、彩色铅笔、色粉、墨水的吸附性好，使用油性马克笔时也不会渗透到下面的纸张。同时非常便于进行方案的推敲和修改。

2.4.3 色纸

色纸是指有底色或者肌理纹路的特殊纸张，多数情况下用来表现特殊效果，但是由于不同纸张类型的纸质特性不同，如吸附性、粗糙度等，因此纸张的选择要根据绘图工具的自身属性决定。

2.4.4 草图纸

A3和A4的复印纸是绘制草图非常好的选择，无论是签字笔还是马克笔都可以在这种纸上流利的绘制草图，同时也特别适合初学者练习及大量的草图推敲。

第3章

透视原理及设计表现的要素和规律

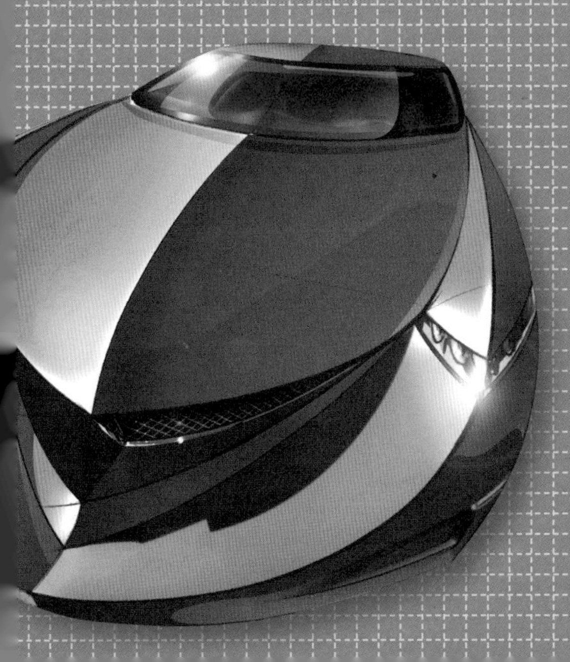

3.1 透视简介

3.1.1 透视的基本概念

透视投影是以人的眼睛作放射线状的中心投影。因此，透视图是符合人的视觉印象的。它是在平面上运用点和线的几何作图来表现三维空间的形体。

透视图是利用中心投影法绘制出来的一种直观性较强的单面投影图。人们平时观察景物时，总是有近大远小的感觉。这种感觉称之为“透视现象”。透视图就是能够反映透视现象的图形。由于透视图能真实而准确地表现物体的具体形象，因此就常常被用来作为表达某项设计意图的一种手段，供分析研究和讨论比较，以便对该设计方案作出正确的判断与选择。透视图不仅被广泛地应用于建筑设计方面，而且在工业设计中绘制产品设计表现图也主要采用这种方法。

图例

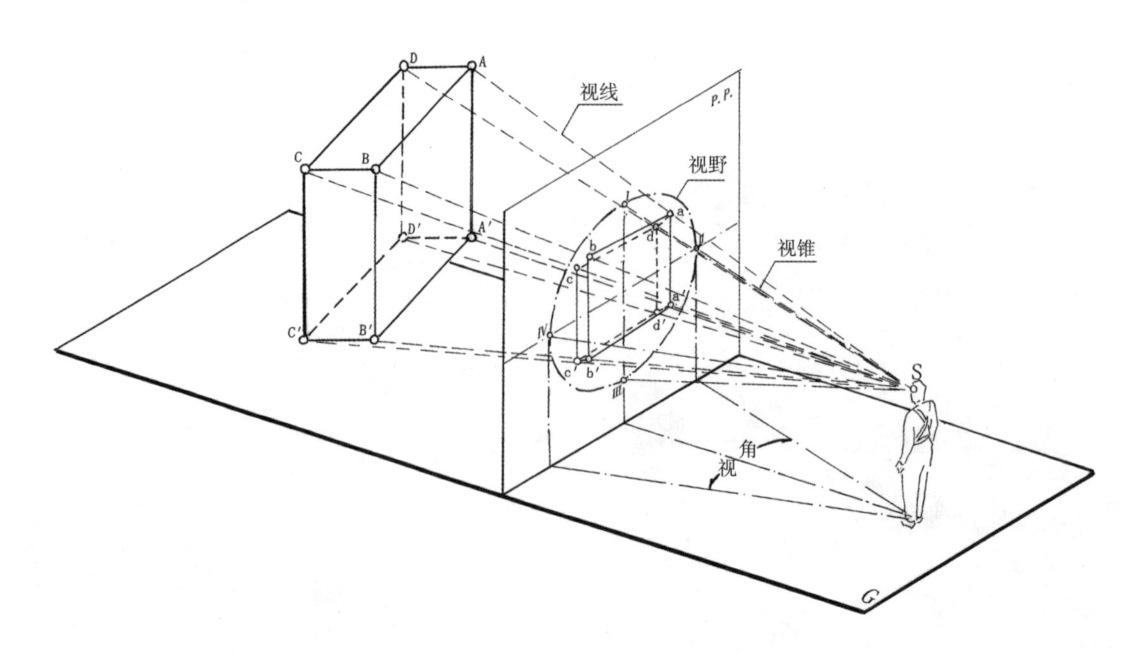

S为人的眼睛，称作视点。

AA′BB′CC′DD′为三维空间的长立方体。

P.P. 为画面。

在视点与长立方体之间用一个画面与视线相截，截得的图形aa′bb′cc′dd′称为透视投影（或称透视图，简称透视）。

从画面上的透视投影来看，aa′、bb′、cc′三直线虽仍然垂直于基面，但不等长，而是近长远短。ab、a′b′和bc、b′c′两组不相平行的直线也与AB、A′B′和BC、B′C′两组平行直线不同，而是各交于一灭点。

作图时应使整个物体落在一个自然的视域范围内。这个范围近似为一个圆锥形状，称为视锥。其顶角为视角。视锥与画面相交成一个圆周Ⅰ、Ⅱ、Ⅲ、Ⅳ，称为视野或视域。

人的眼睛的总视域是很大的，可从下表看到总视域的范围。

视角	单眼	双眼
水平r	120°～148°	140°～176°
垂直s	110°～125°	110°～125°

事实上，当注意力集中时，视域最清晰的范围在28°～37°之间。在作透视图时，就常采用上述的视角范围。但在特殊情况下，视角可提高到90°。超过此范围，就会造成透视形象严重变形失真。

3.1.2 透视的基本术语

有关透视图的名称术语如下：

基面：观察者和物体所在的地平面。它相对画面一般处于垂直的位置。

画面：透视图所在的平面，即中心投影的投影面。

基线：画面与基面的交线。

视平线：视平面与画面的交线，即通过视中心点且平行于基线的直线。

视点：观察者眼睛所处的位置，即中心投影的投影中心。

站点：视点在基面上的正投影，相当于观察者站立的位置。

视中心点：视点在画面上的正投影，通常把视点与视中心点的连线叫做主视线。

视中心基点：视点在基面上的正投影。

视距：视点到画面的距离。

视高：视点到基面的距离，即观察者眼睛的高度。

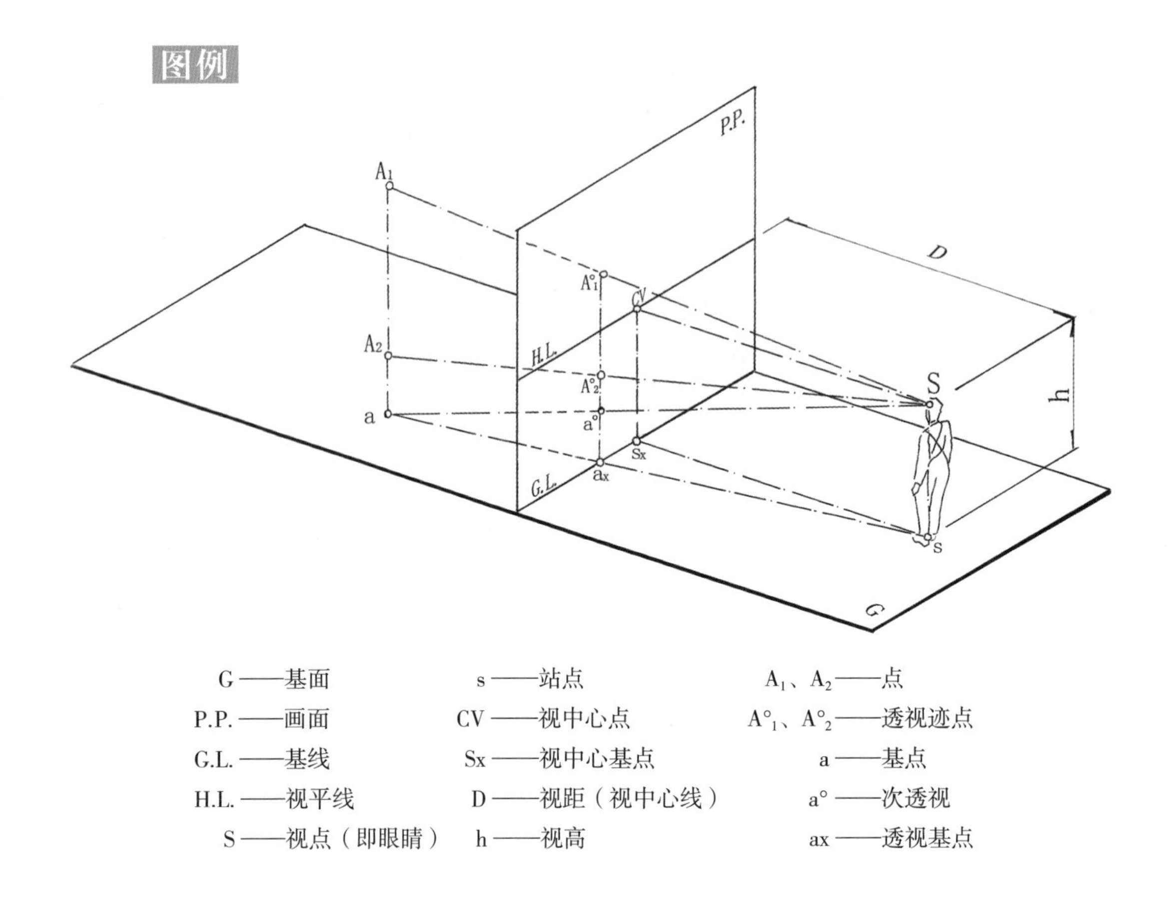

3.1.3 点的透视

点的透视定义：任意点的透视即该点与视点相连的视线与画面相交的交点。

点的透视做法：正投影法（视线迹点法）。

作图步序：

1. 作点A与视点S的垂直投影点a，s于G面上。

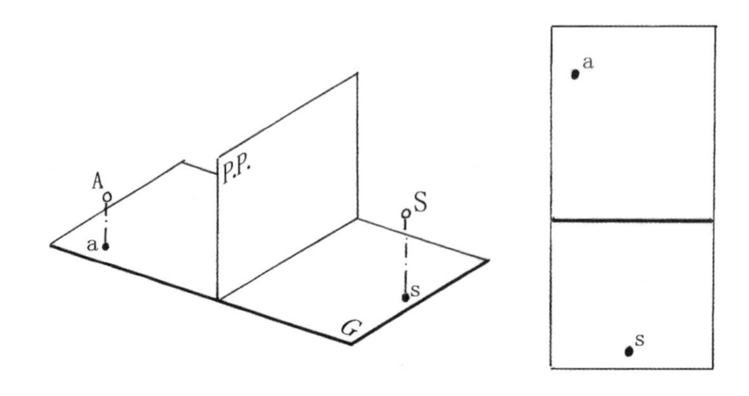

2. 在基面上作sa投影连线交 G.L. 于ax。

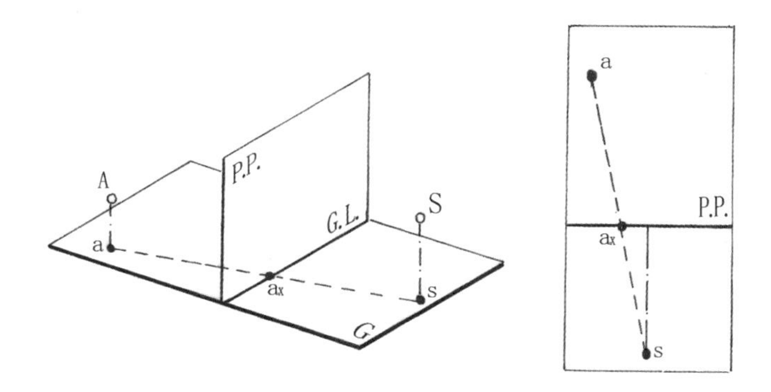

3. 在画面作视平线 H.L. 和视中心点CV，作点A的水平投影点A′。

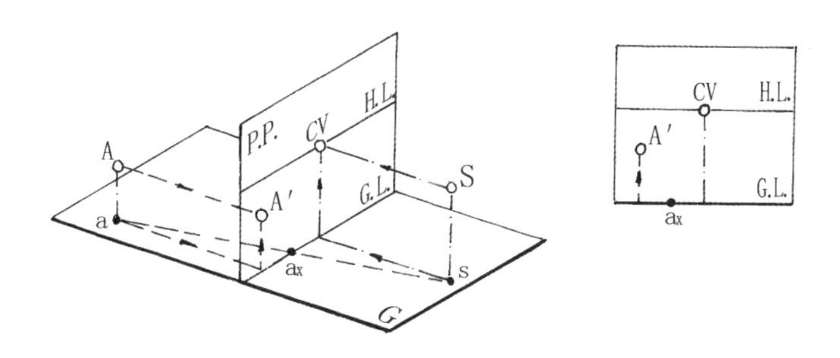

4. 在画面作CV与A′的投影连线和ax的垂直线，得透视迹点A°。

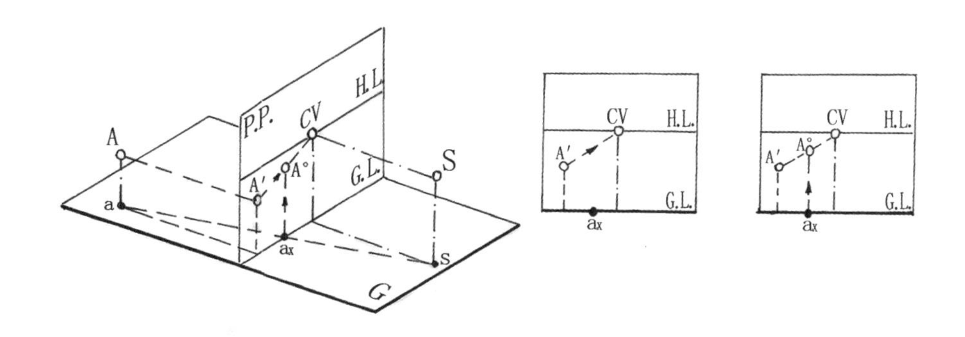

如下图所示，视线SA在G面的垂直投影sa，与画面基线G.L.线相交得透视基点ax。而视线SA在画面的水平投影为CVA′，因其透视迹点A° 在画面上，故A° 必在CVA′连线上，其垂直投影必在G面基线G.L.与sa上，它们的交点即ax。投射线A° ax必垂直于G.L.线。故一点的透视，位于基点和站点间的连线与基线交点处的垂直线上。

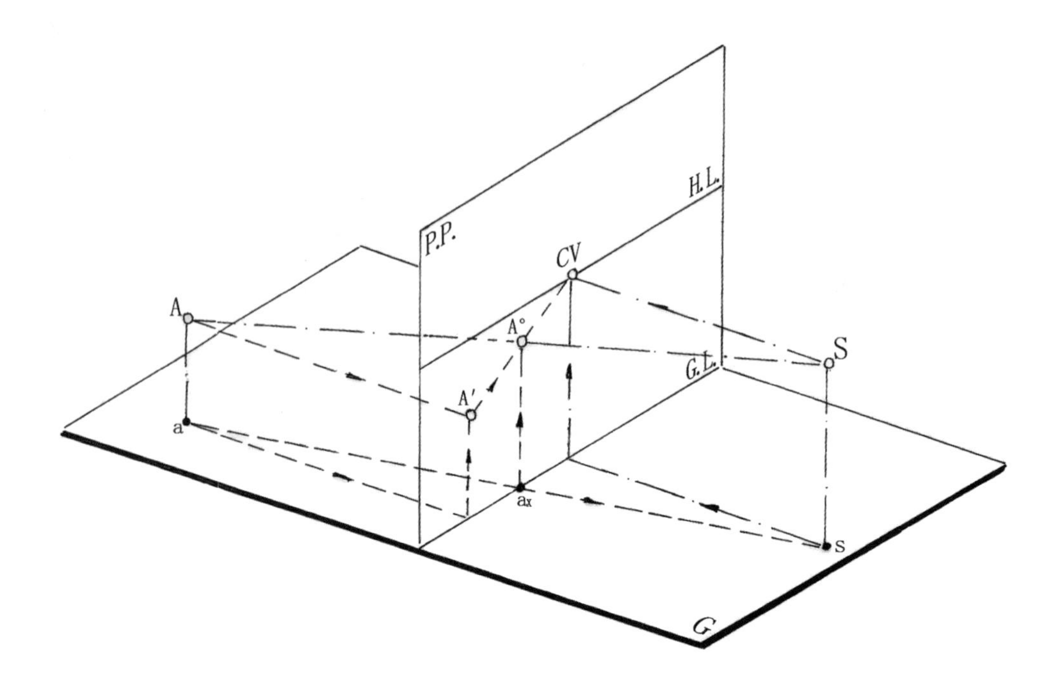

3.1.4 直线的透视

直线的透视定义：任意直线的透视即该直线与视点相连的视线面与画面相交的交线。例如下图中$A^{\circ}_{1}B^{\circ}_{1}$为$A_1B_1$在画面上的透视迹线。

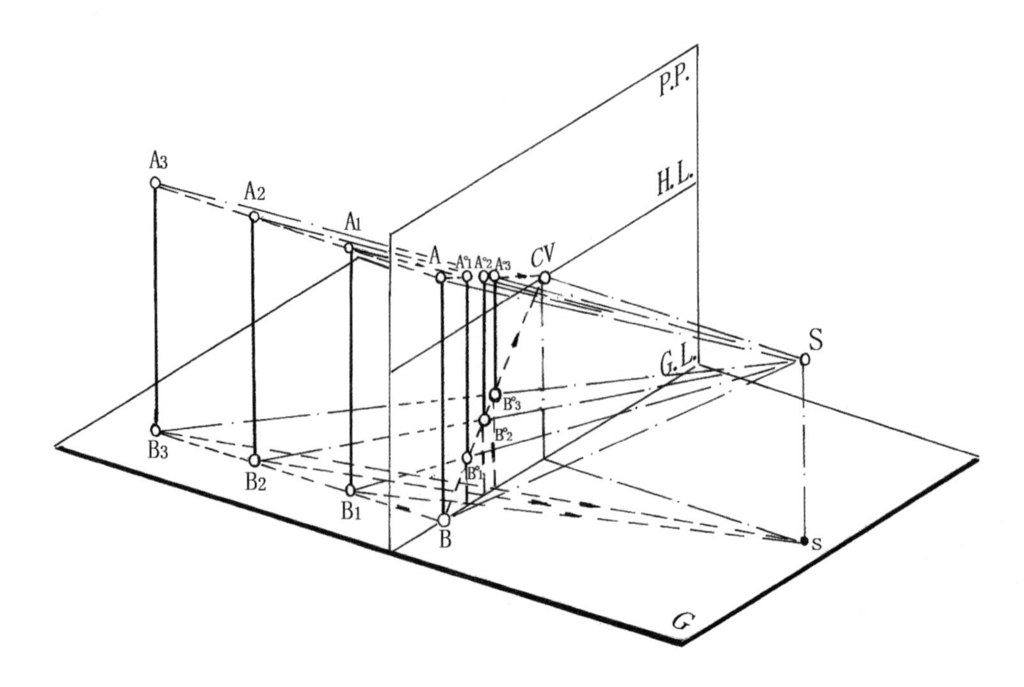

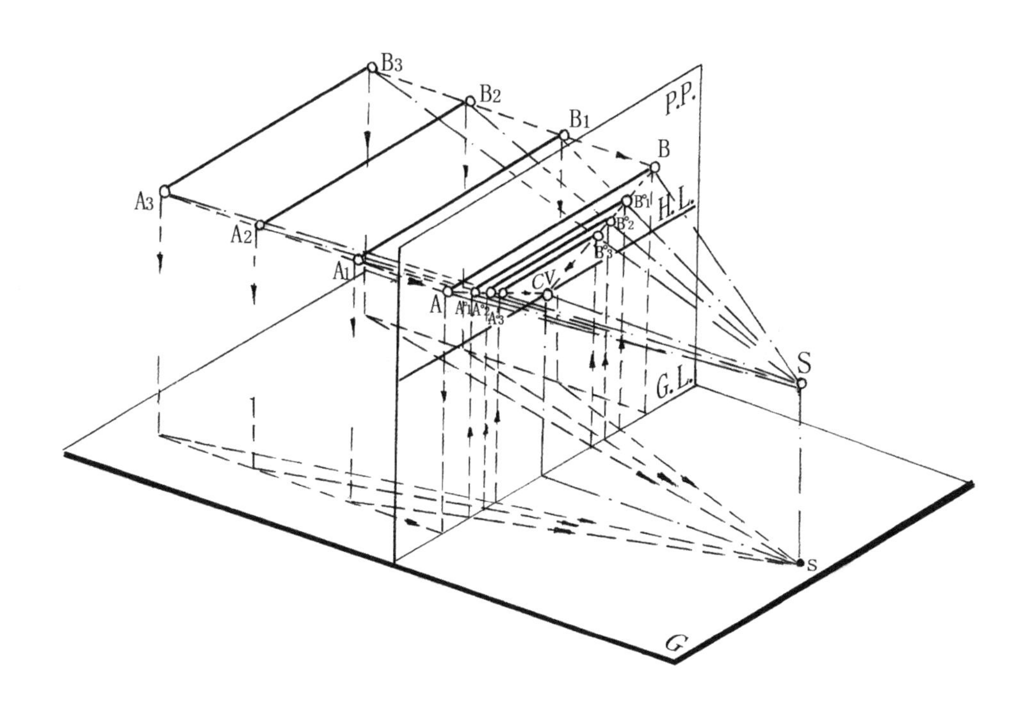
B3
B2
B1
B
P.P.
A3
A2
A1
A
H.L.
CV
S
G.L.
s
G

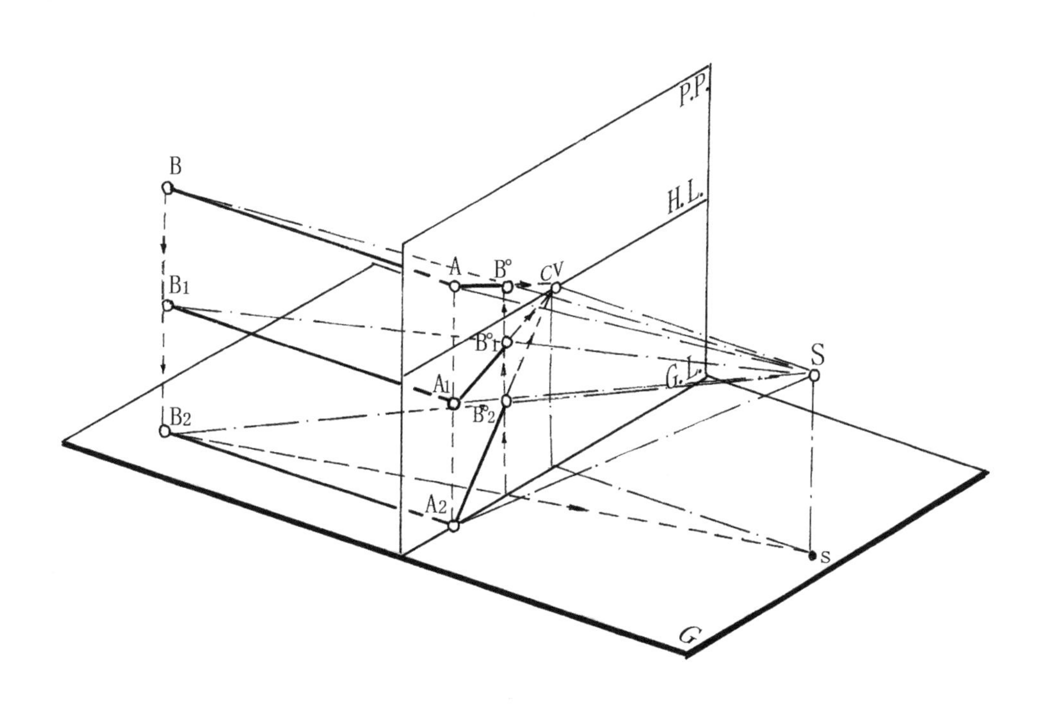
P.P.
B
H.L.
A
B°
CV
B1
B°1
S
A1
G.L.
B°2
B2
A2
s
G

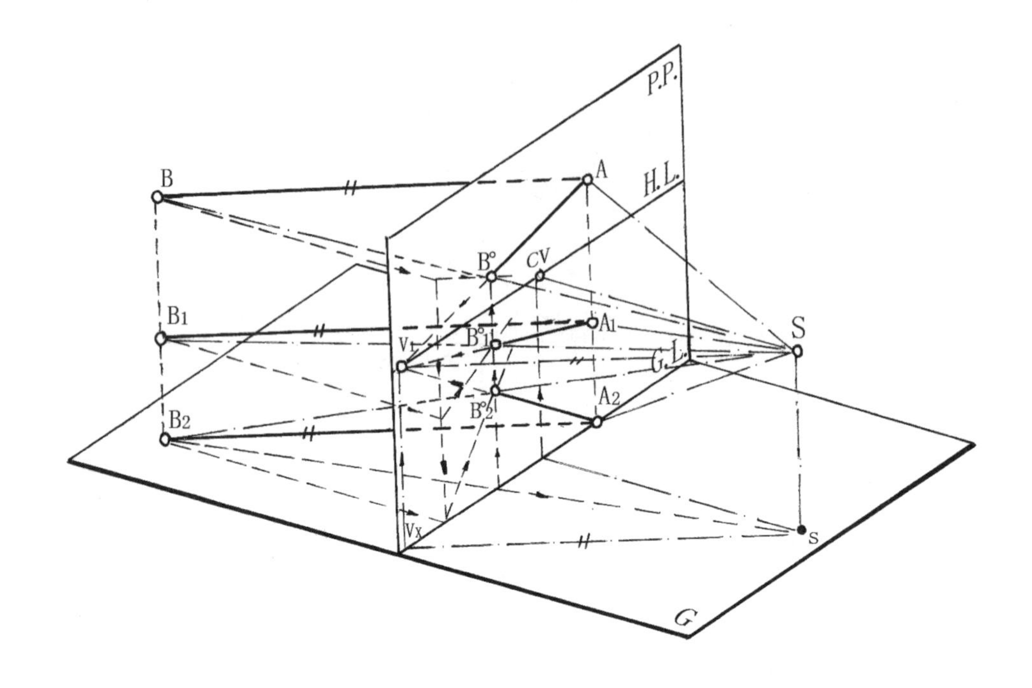

直线的透视特征：

1. 直线的透视，一般情况下仍为直线。
2. 相等直线的透视，近长远短。其等分间距近宽远密。
3. 和基面垂直的直线仍然垂直。
4. 和画面及基面平行的直线仍然平行。
5. 和画面垂直的直线，必交于画面一公共灭点，即视中心点。
6. 和画面作成角相交的平行直线，它的透视必不相平行，而必交于画面一公共灭点，此灭点位于自视点引一平行于该直线而和画面相交之点。

3.1.5 作透视基本线的“三定”步序

1. 定画面和物体的夹角

要求：第一，要表现物体的全貌；第二，要显示主要立面和比例适当；第三，要使物体各部分表达清晰。

1）要表现物体的全貌

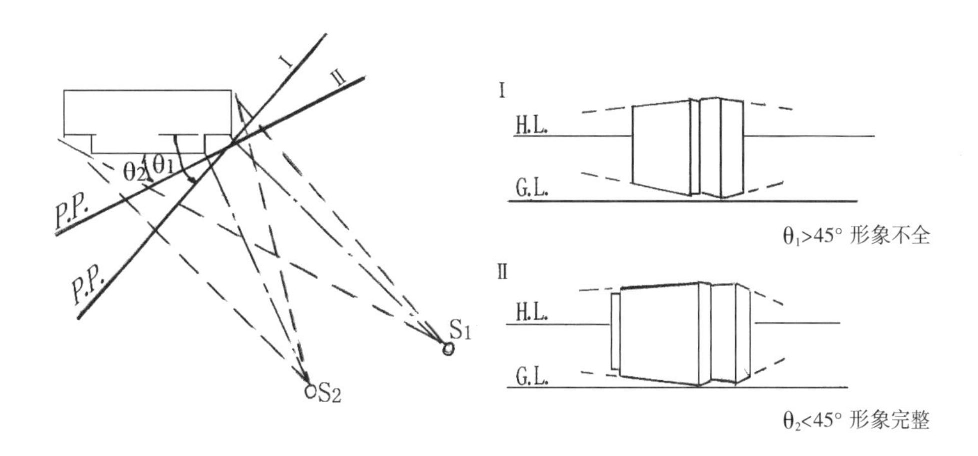

2）要显示主要立面和比例适当

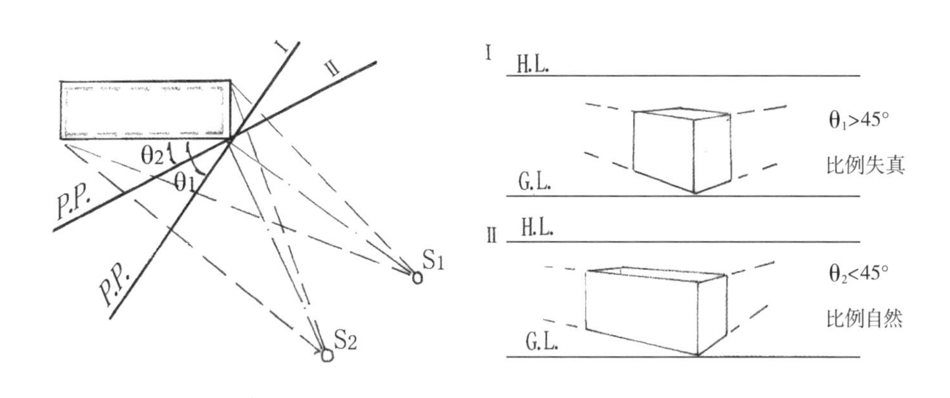

3）要使物体各部分表达清晰

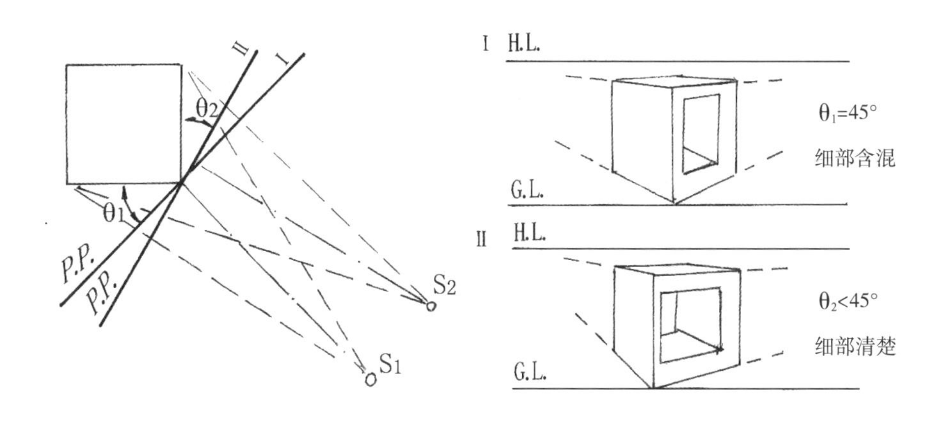

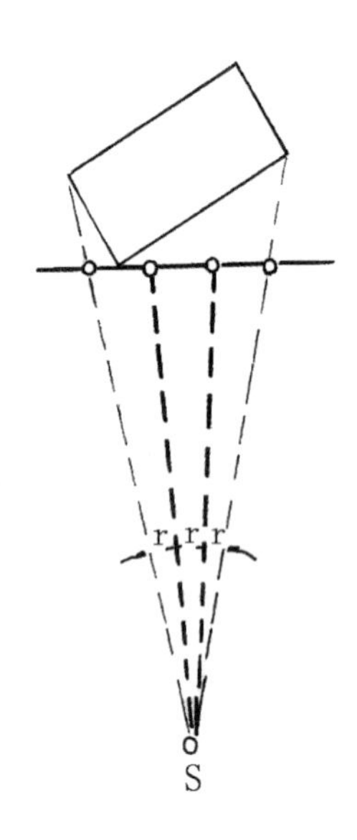

2. 定视中心线

要求：视中心线一般不宜超出整个对象画幅宽度中间1/3的范围（即视角中央1/3范围）。画幅宽度的设定以包括对象的全部主体和配景为宜。

3. 定视距和视高

为了符合人眼视角和便于度量，采用的视角 α 的范围在18°～53° 之间，而以28°～37° 的视域最清晰。根据视角、视距和画幅的关系，在作透视图时，可取一般视高 1.5～1.7m（取人立时的眼高），室内视高 1.3～1.5m（取人坐时的眼高）。

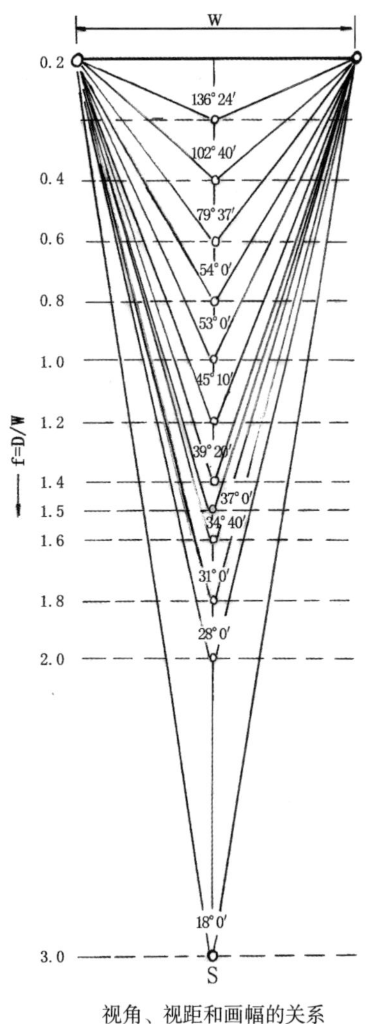

视角、视距和画幅的关系

过高物体的视距选择

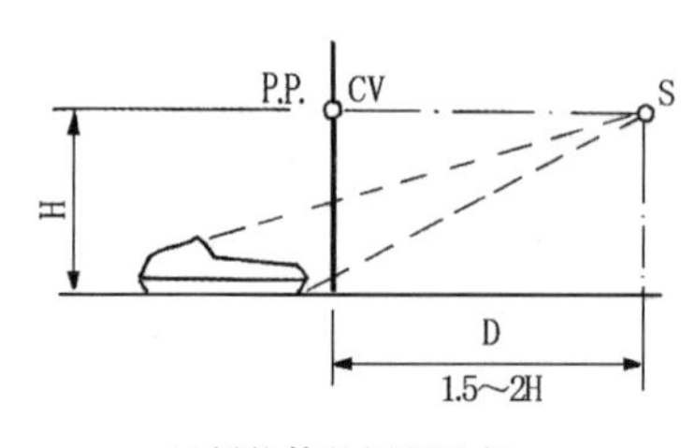

过低物体的视距选择

3.1.6 透视图的种类

透视图在视平线高度正常时可分为：平行透视、成角透视、倾斜透视；在视平线高度非正常时还有仰望透视和鸟瞰透视。

1．平行透视（单向消失透视）

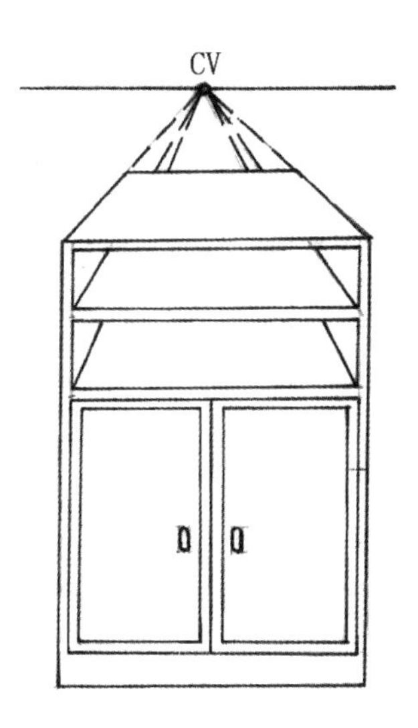

2．成角透视（双向消失透视）

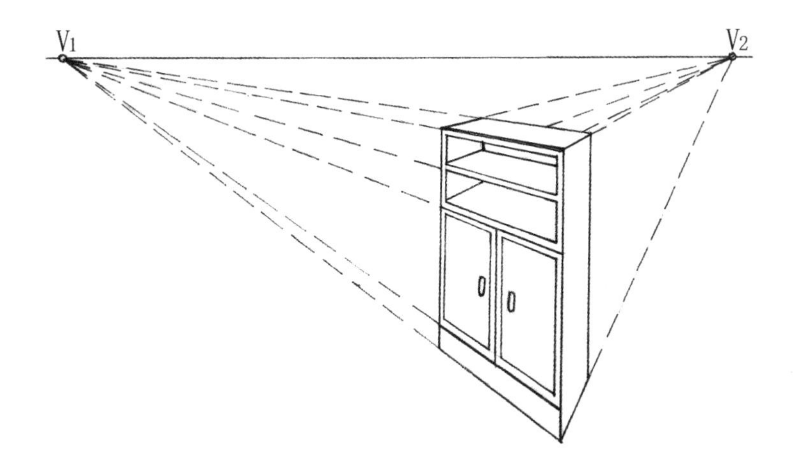

3. 倾斜透视（三向消失透视）

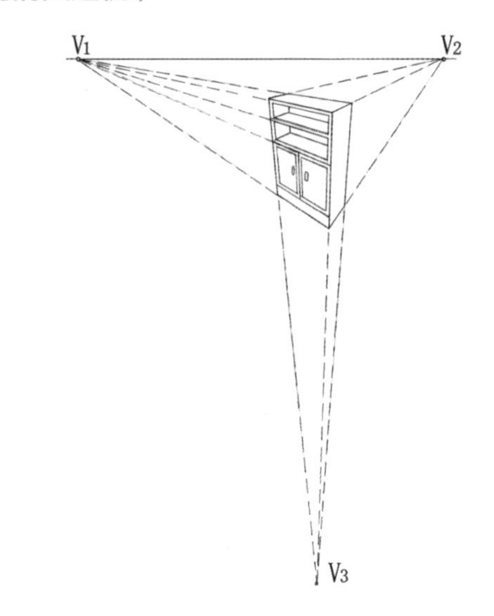

4. 仰望透视

5. 鸟瞰透视

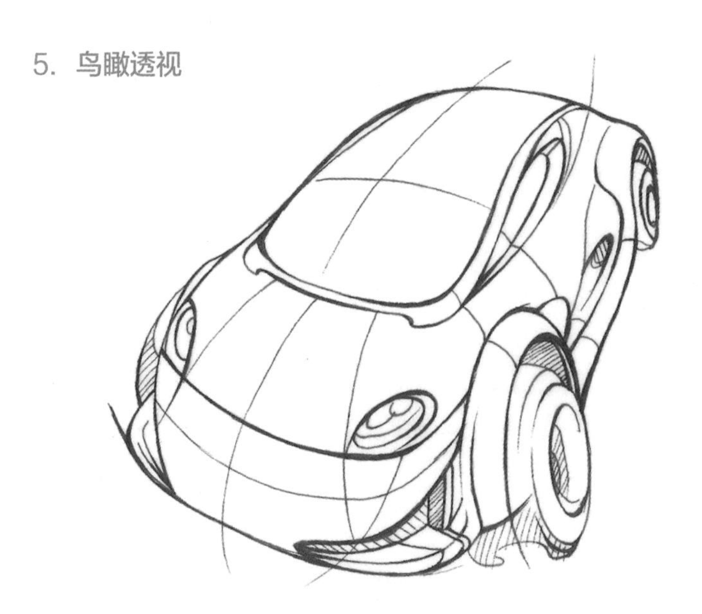

设计表现的要素与规律

3.2.1 线的分类

在设计表现中线的运用是最为常见的，作为最基本的造型元素，线条运用的优劣直接影响到设计表现的效果。

1. 直线

直线是线型中较易于掌握的一种，在设计表现中也经常会遇到，如水平线、竖直线和斜线，都是直线，绘制直线的技法可以通过大量的针对性的练习提高。在绘制直线时应注意尽量准确肯定，用力均匀，线条才能够挺拔有力。

2. 曲线

曲线在设计表现当中，是应用得最为广泛的线型，在产品设计中，曲线也是符合人们通常的视觉习惯的，曲线可以带给人柔和、亲切的感受。因此，曲线的表达对于设计表现显得尤为重要。

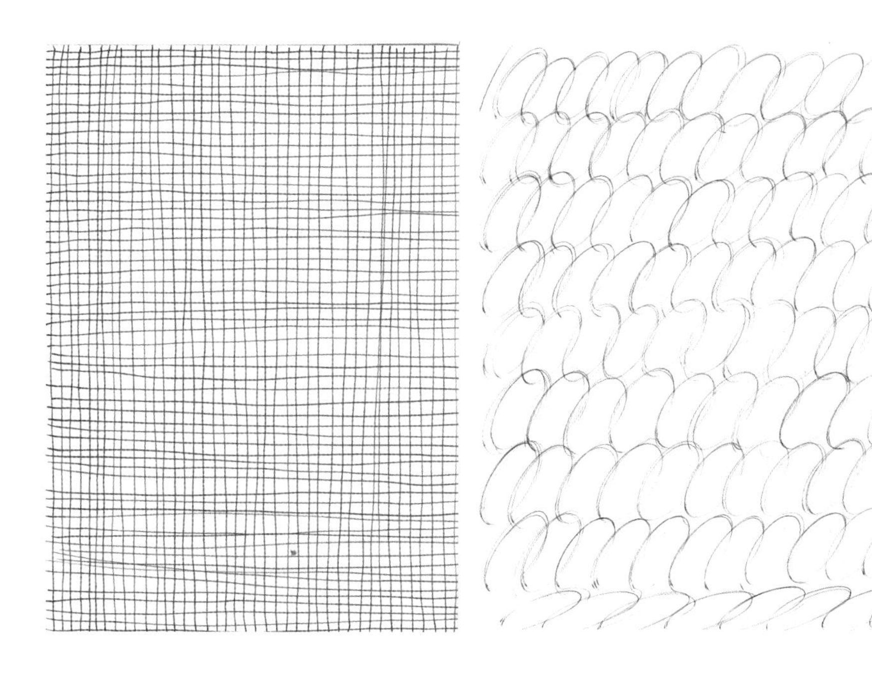

3.2.2 形态表达

形态的表达要从产品的造型特征入手，前提是充分掌握基本几何形体的表达方法。基本几何体包括：长方体、球体、椭圆体、锥体、柱体和环体等。即使再复杂的产品也是一些基本几何体的组合、排列，在充分掌握了基本几何体的表现规律以后，再对于多个几何形体进行相加或相切的组合练习，这对于充分掌握造型的本质、塑造形体特征有着至关重要的作用。

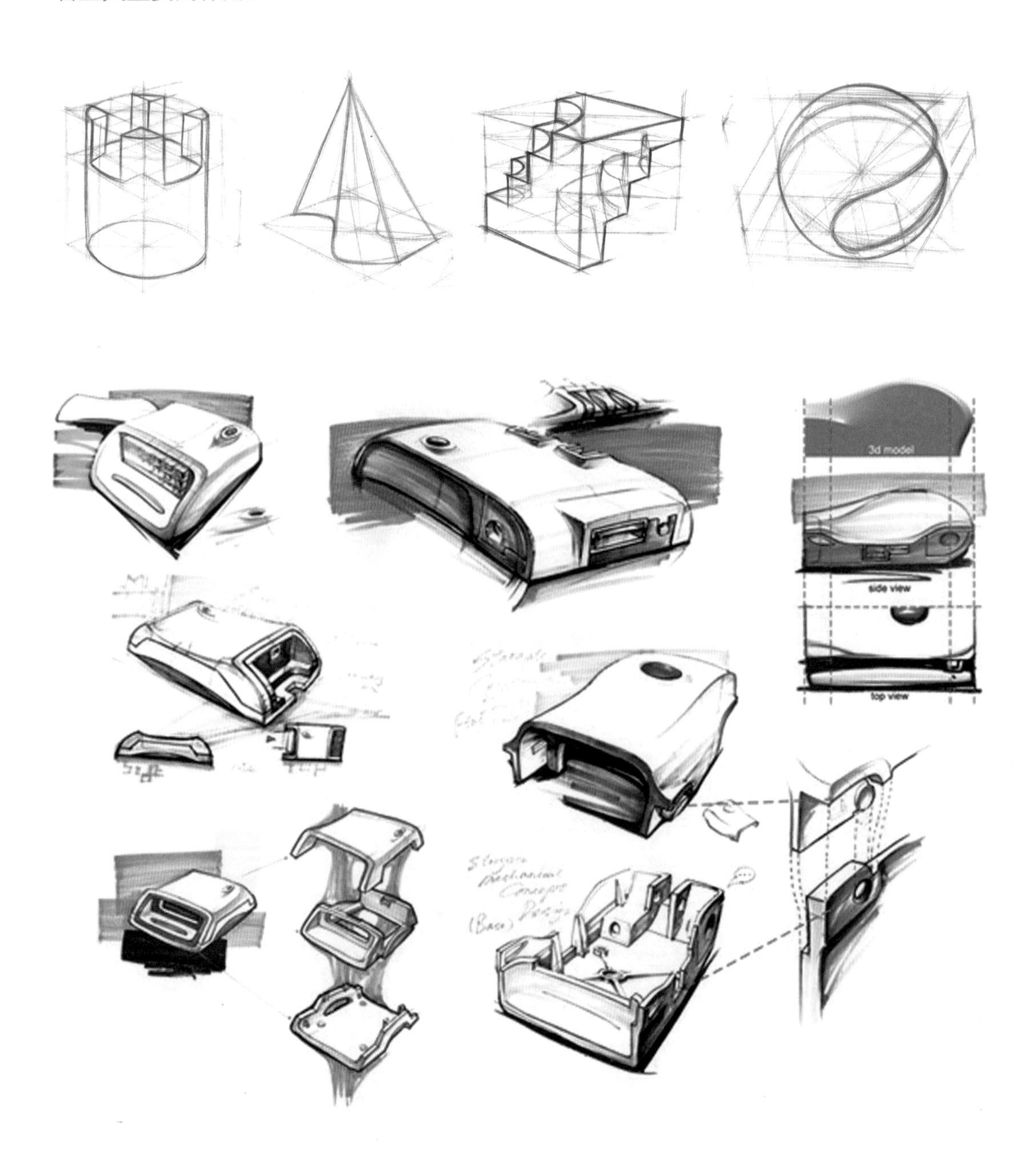

3.2.3 色彩表达

色彩是设计表现的重要组成部分。设计表现的色彩与纯绘画不同，它是在理性基础上有比较规范的步骤、技法和程式化的表达方式。因此，我们通常称之为“草图”、“效果图”、“表现图”，它是作为图纸而非绘画出现的，“图”与“画”在概念上的区别非常明显地体现在其外在的形式上。尽管设计表现在相当的程度上需要依靠色彩写生的基础，但这绝不意味着采用色彩写生的方法能够处理设计表现所要解决的问题。此外，设计表现还应注意色彩是依附于形体之上的，而设计表现的主要目的是为了向观者传达设计师的设计理念而非是绚丽的画面，因此不可舍本逐末。

3.2.4 质感表达

设计表现，不仅仅是表现产品的形体与色彩，也包括对产品材质的表现。材料的质地与产品的造型、工艺都有着密切的关系。在表现中也要注意质感特有的粗细、硬软、透明、高亮等特性与区别。在产品设计中，由于涉及的材料种类很多，有不锈钢、塑料、橡胶、玻璃、针织品、陶瓷、木材、石材等，这些材质在设计表现中都要有所体现，因此对于质感的表现也是非常需要重视的一个问题。

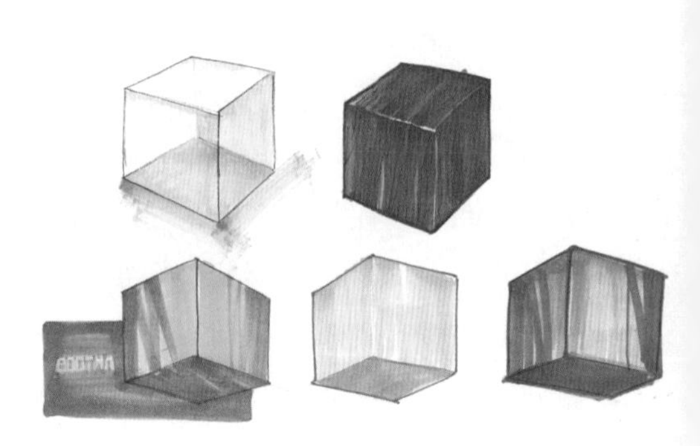

第4章

设计表现范例分步解析

4.1 小型产品的快速表现步骤演示

产品快速表现是基于对透视、造型、材质、工艺、方案构想已有充分思考前提下的表现过程，许多优秀的创意都来自于产品快速表现过程中的灵感突现。因此，采用最为直接有效的手段尽快进行记录，有助于进行方案的后期深化设计。

4.1.1 马克笔表现技法——手机

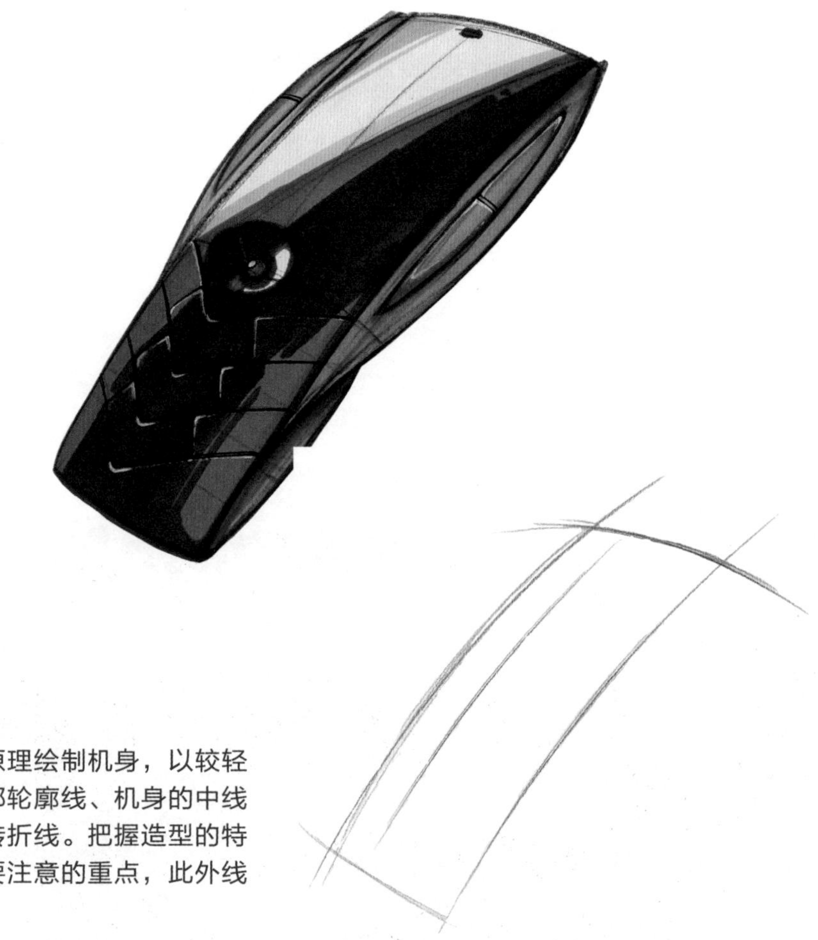

步骤 1

根据基本透视原理绘制机身，以较轻的笔触画出外部轮廓线、机身的中线和主要结构的转折线。把握造型的特点和透视是需要注意的重点，此外线条应尽量流畅。

步骤

2

在上一步骤的基础上，使用明确肯定的线条描绘轮廓线、主要结构转折线、键盘等主要结构，在线条运用上注意受光部要清淡些。

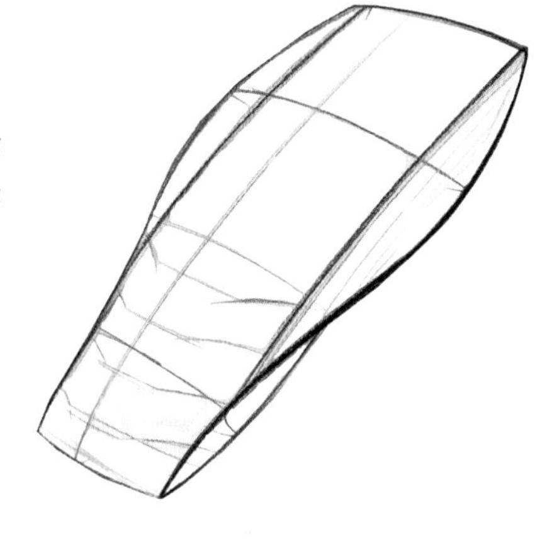

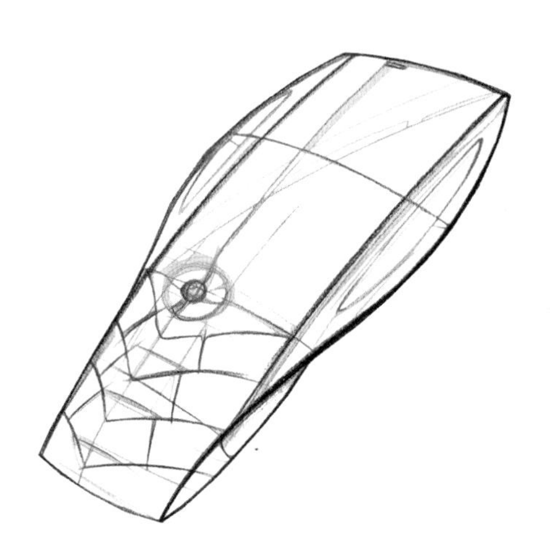

步骤

3

继续深入，绘制结构线，加入圆形按钮、正面异形按键、侧面按键等细节。正面异形按键应仔细刻画以增强空间的虚实感。屏幕上弧形线条表示光影的位置。线稿部分基本完成。

步骤

在线稿基础上以线面结合的方法进行表现。根据光影关系采用浅冷灰马克笔（c3）绘制屏幕高反光界限，区分出受光部和暗部。一般来讲，马克笔的着色顺序是先浅后深。

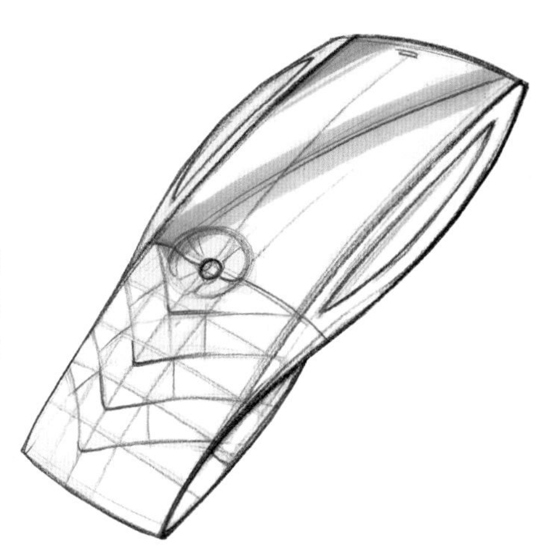

步骤

继续深入暗部关系，采用深灰马克笔（c8）绘制机身边缘线，以此区分出受光部和暗部的各自范围，以便进行下一步骤。

步骤 6

涂色前采用马克笔将形体的明暗光影分界线勾勒一下，然后进行马克笔（c6）填色，可以使填色步骤较为准确和容易操控。

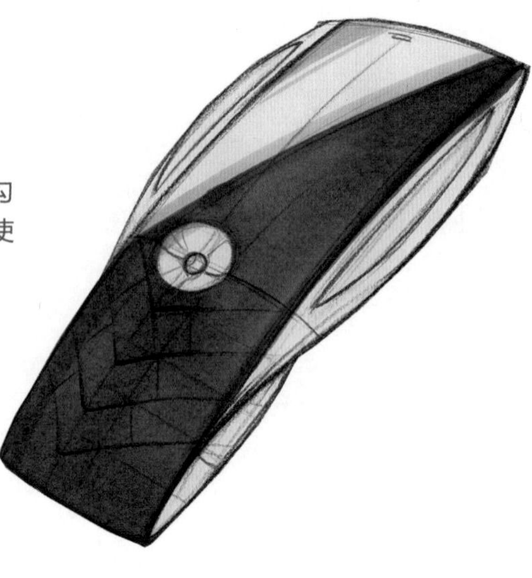

步骤 7

侧边涂绿色，注意区分形体的转折部分。侧面的造型呈微微的弧面，在色彩的明暗上应有所体现，形体的顶端和底部以及形体重叠的位置应当略微加深。

步骤 8

将圆形按键涂成红色，注意保留高光，同时按照圆形的体积规律进行着色。描绘出按键的影子及按键周围凹槽的大致走向。

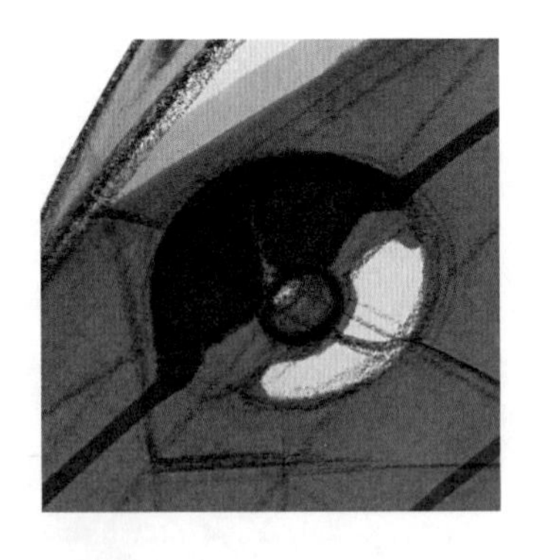

步骤 9

用深色马克笔（c8）绘制凹陷的光影效果，注意暗部不要满涂，保留一点空隙，使得整个暗部不显得沉闷。暗部的轮廓要体现出凹陷部分的造型特点。

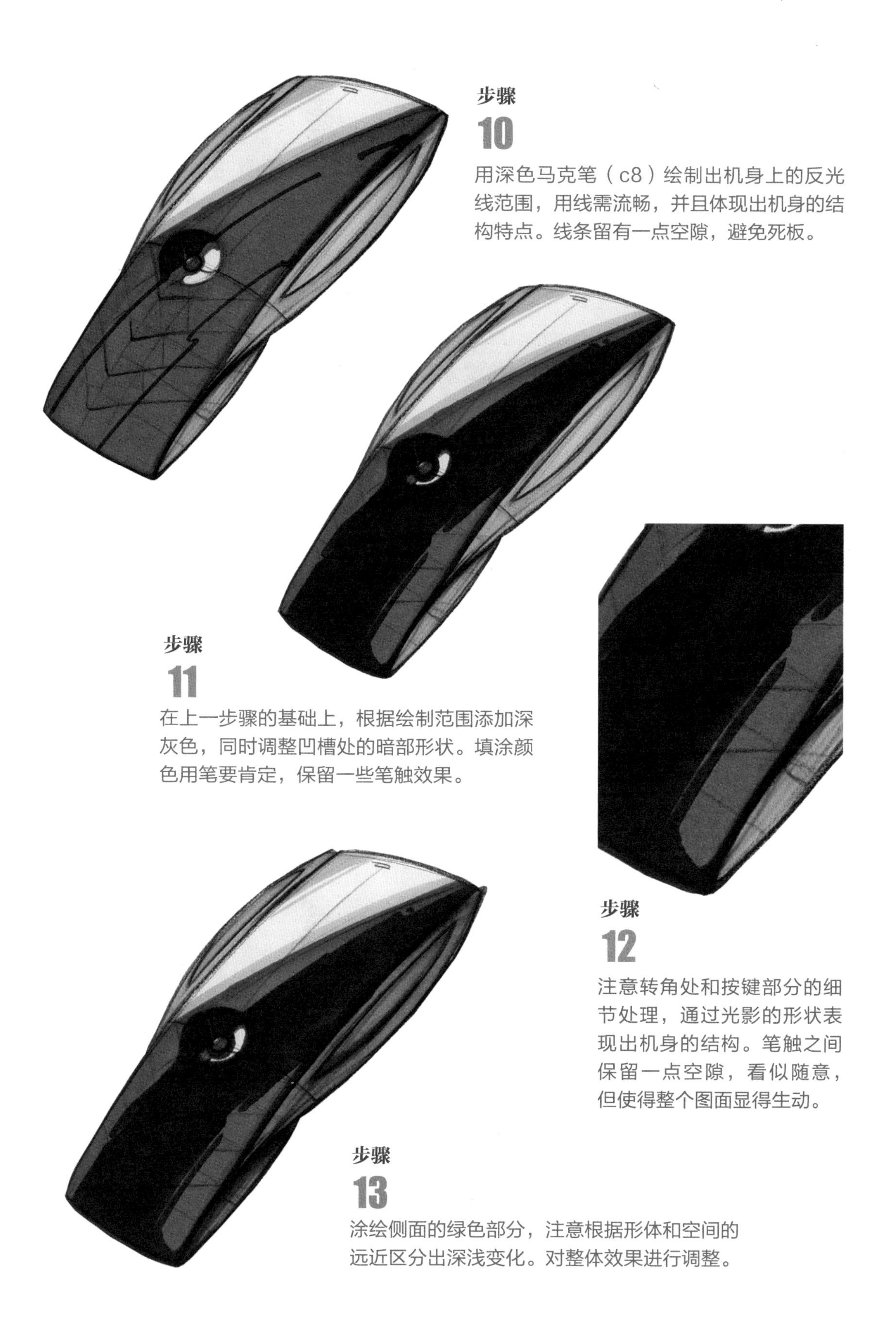

步骤
10

用深色马克笔（c8）绘制出机身上的反光线范围，用线需流畅，并且体现出机身的结构特点。线条留有一点空隙，避免死板。

步骤
11

在上一步骤的基础上，根据绘制范围添加深灰色，同时调整凹槽处的暗部形状。填涂颜色用笔要肯定，保留一些笔触效果。

步骤
12

注意转角处和按键部分的细节处理，通过光影的形状表现出机身的结构。笔触之间保留一点空隙，看似随意，但使得整个图面显得生动。

步骤
13

涂绘侧面的绿色部分，注意根据形体和空间的远近区分出深浅变化。对整体效果进行调整。

步骤

14

根据主次进行细节描绘，将按键、按钮、侧面按键等进行强调加重，过程中要注意空间的虚实变化和透视状态下的对称效果。

步骤

15

使用高光笔绘制按键、凹槽、键盘、侧面按键的高光边缘，绘制过程中切不可拖泥带水，用笔要干净利落，体现出产品的造型特点。

步骤

16

在上一步骤的基础上继续绘制出键盘的高光边缘，注意区分高光的主次变化。根据效果进行整体调整。

4.1.2 色纸表现技法——运动鞋

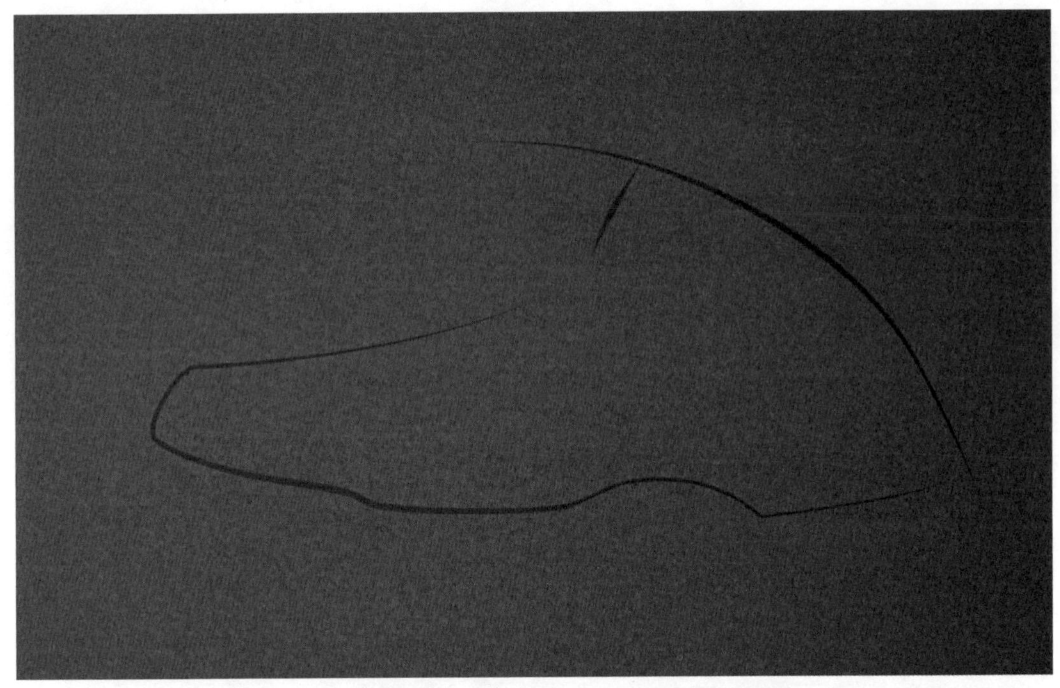

步骤 1 选择与所绘产品色调相近的色纸，这样可以节省大量涂色的时间。用较淡的线条在色纸上确定出运动鞋的大致位置。

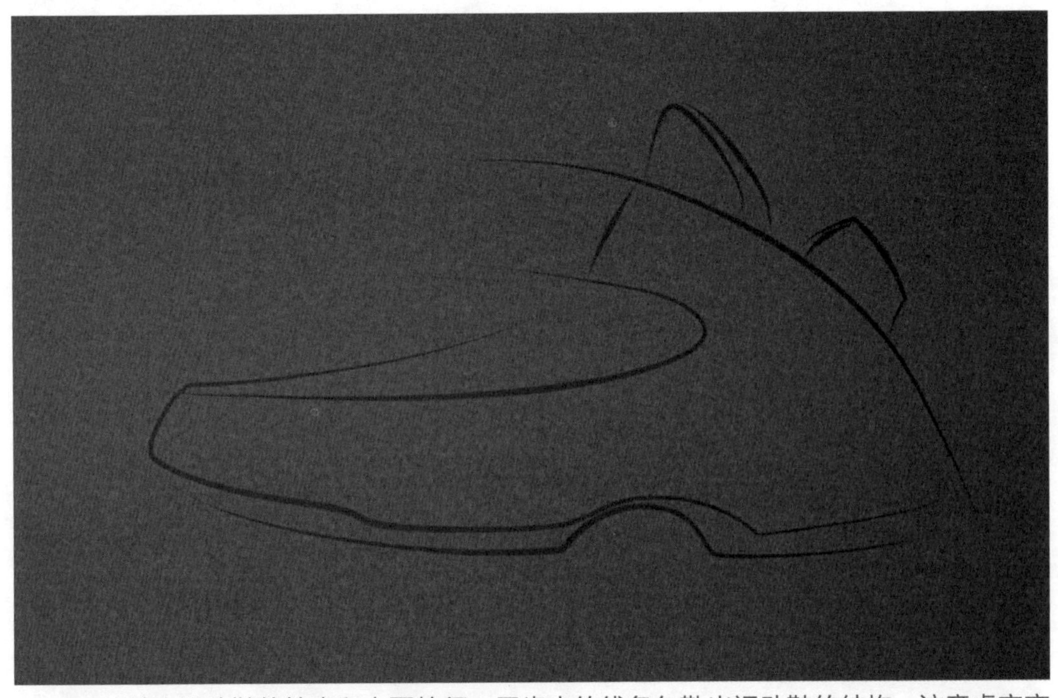

步骤 2 绘出运动鞋的轮廓和主要特征。用肯定的线条勾勒出运动鞋的结构，注意虚实变化，应前实后虚，线条尽量流畅。

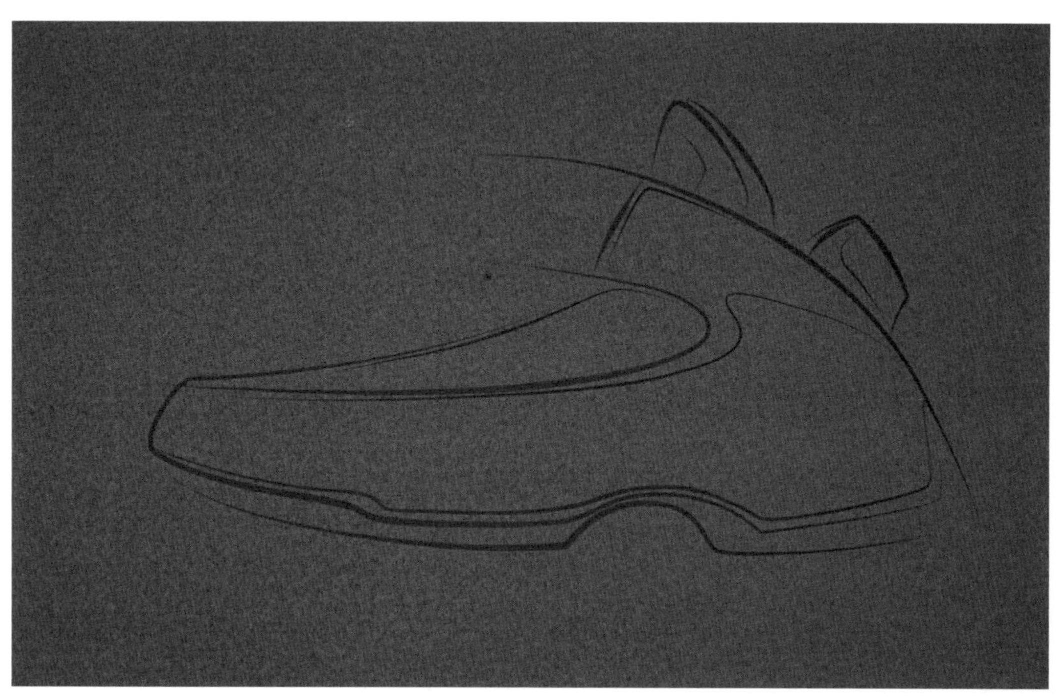

步骤 3 绘出运动鞋的基本的结构线，表现细节，注意线型的粗细要有区别。绘制过程中要考虑到运动鞋的结构特征和形体转折。

步骤 4 使用马克笔和色粉结合的方式表现出运动鞋的主要形体转折。马克笔主要采用平涂手法；色粉笔削成粉末状，采用面巾纸或小块脱脂棉蘸色粉，初步描绘运动鞋的体积关系。

步骤 5 使用马克笔加强暗部轮廓和体积的表现。涂绘过程中注意留白，不要满涂，避免呆板。

步骤 6 使用色粉提亮受光部，运动鞋的皮革质感受光部要柔和，同时控制受光部的面积，不宜过大。受光部的层次要分出主次。

步骤 7　利用色粉笔进行过渡，衔接要自然柔和。对于鞋帮部分的细节进行表现。

步骤 8　在上一步骤的基础上深入描绘细节，进一步表现鞋面受光部，过程中要注意空间的虚实关系，不要太过突出。

步骤 9 进一步调整几个受光部之间的关系，做到有虚有实，表现出体积关系。底部添加阴影。

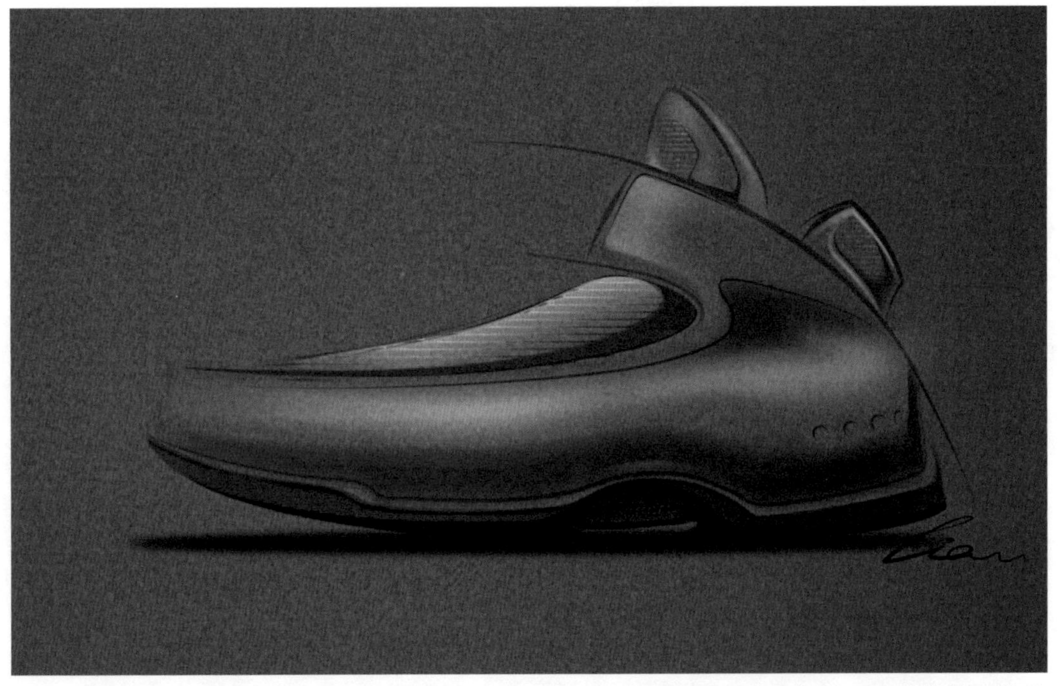

步骤 10 最终调整，通过纹理、肌理、标志等细节处理使画面显得丰富；同时进行风格化的处理。画面完成。

4.1.3 电脑表现技法——水果刀（Photoshop）

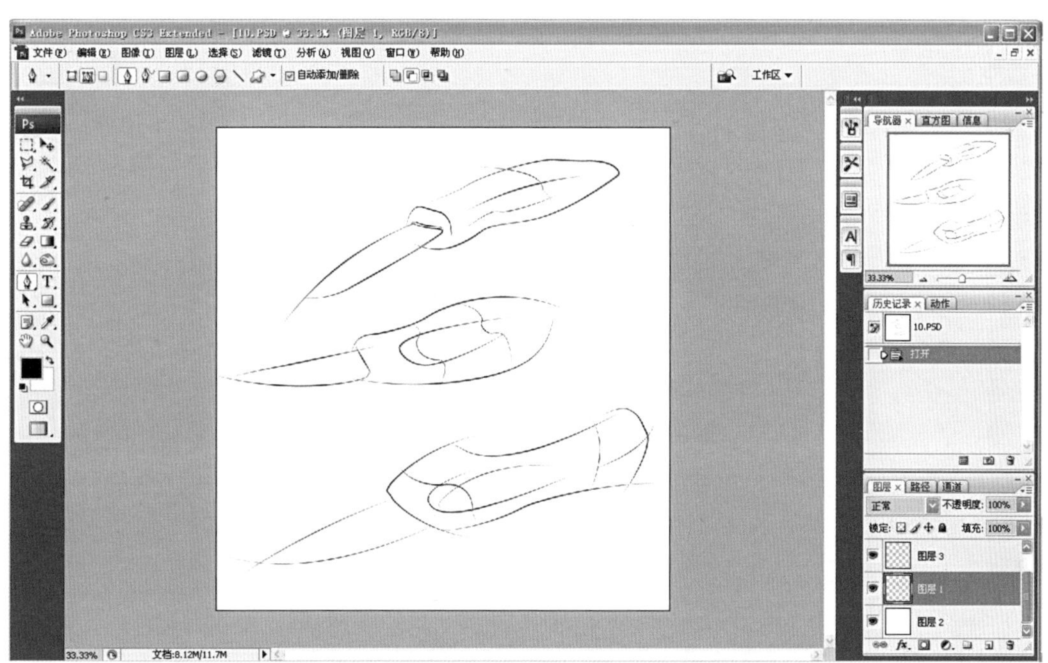

步骤 1 绘制线稿。线稿可采用扫描方式导入Photoshop，或使用数位板直接在电脑上进行勾勒。注意体面转折，线条要流畅。

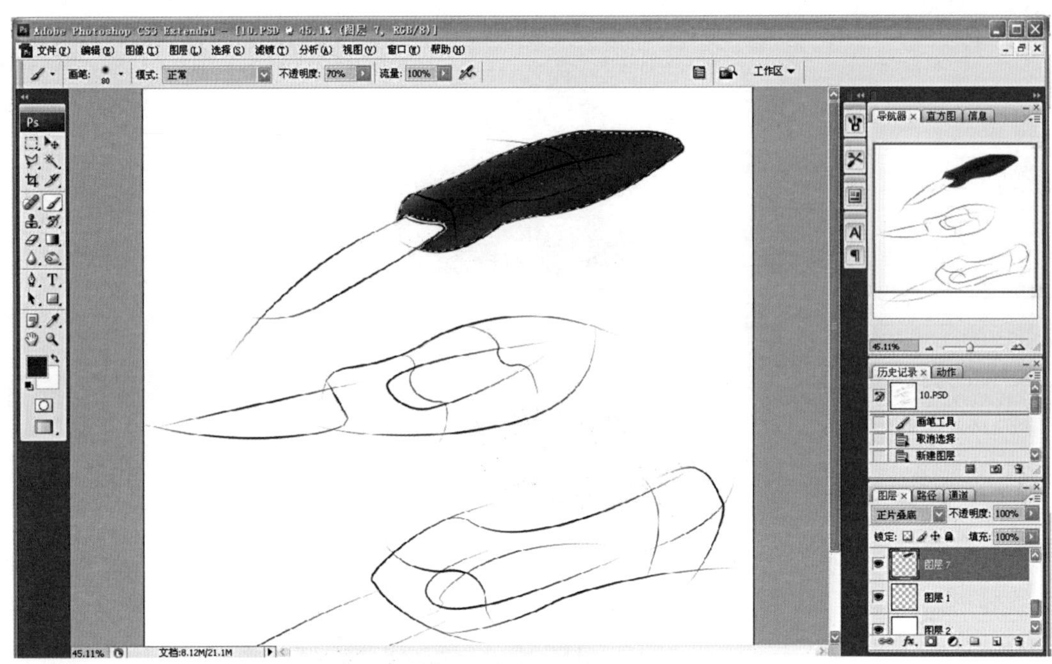

步骤 2 在Photoshop中将线稿创建为单独的图层。新建一个图层，将刀柄进行选区勾勒，用黑色画笔上基本色，上色时注意根据形态的转折，表现体积关系。

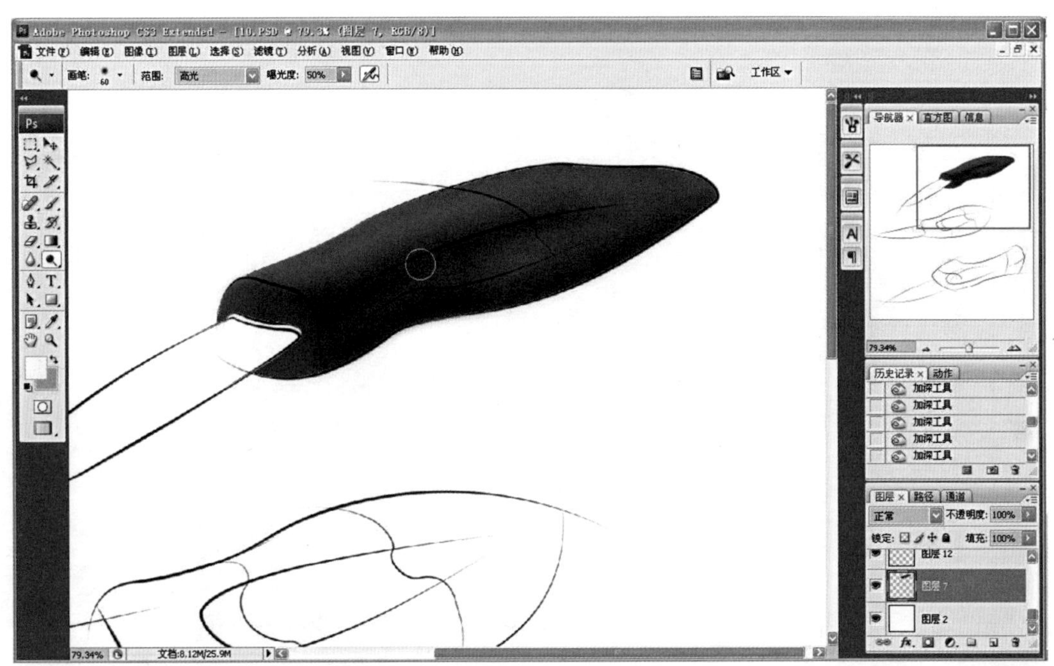

步骤 3 采用加深工具强化明暗交界线，将刀柄的转折部分进行强调，颜色加深表现出刀柄的体积感和造型特征。

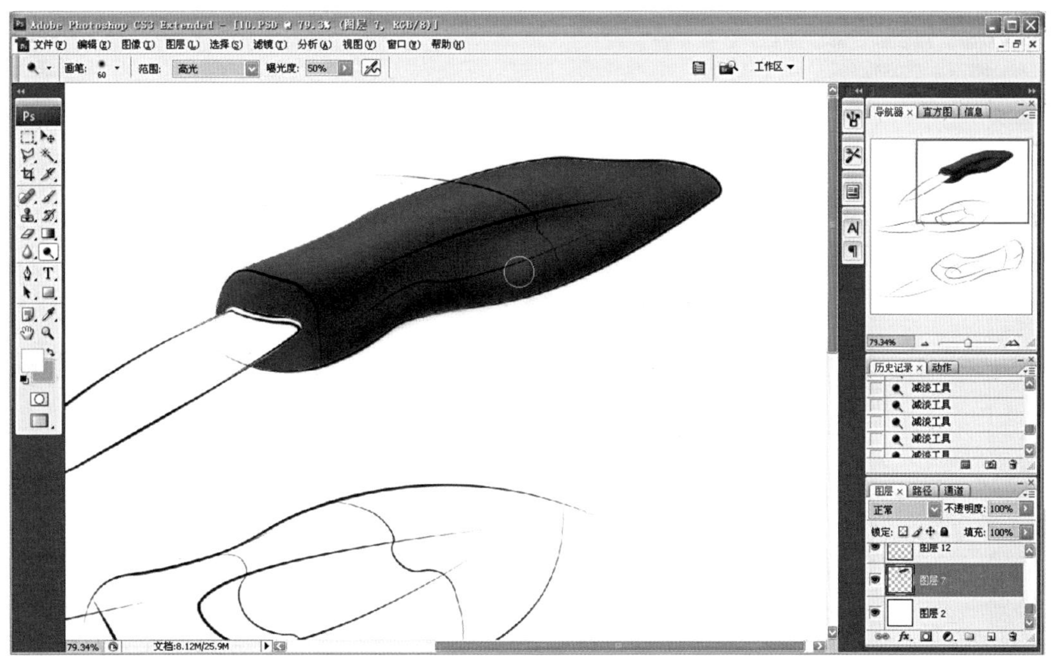

步骤 4 采用提亮工具强化反光部分，过渡要柔和。通过色彩的深浅表现出刀柄的凹凸起伏。

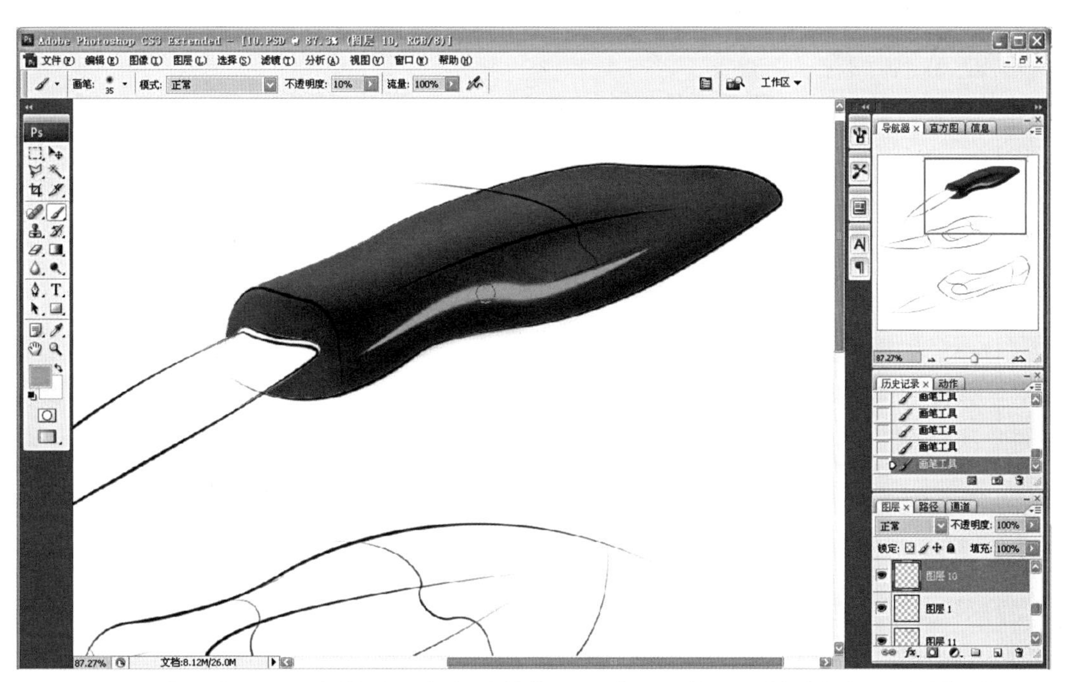

步骤 5 新建一个图层，勾勒出彩色部分的范围，使用画笔工具填涂绿色，绘制细节，绿色两端较实，中部较虚，可采用不同的画笔笔型实现。

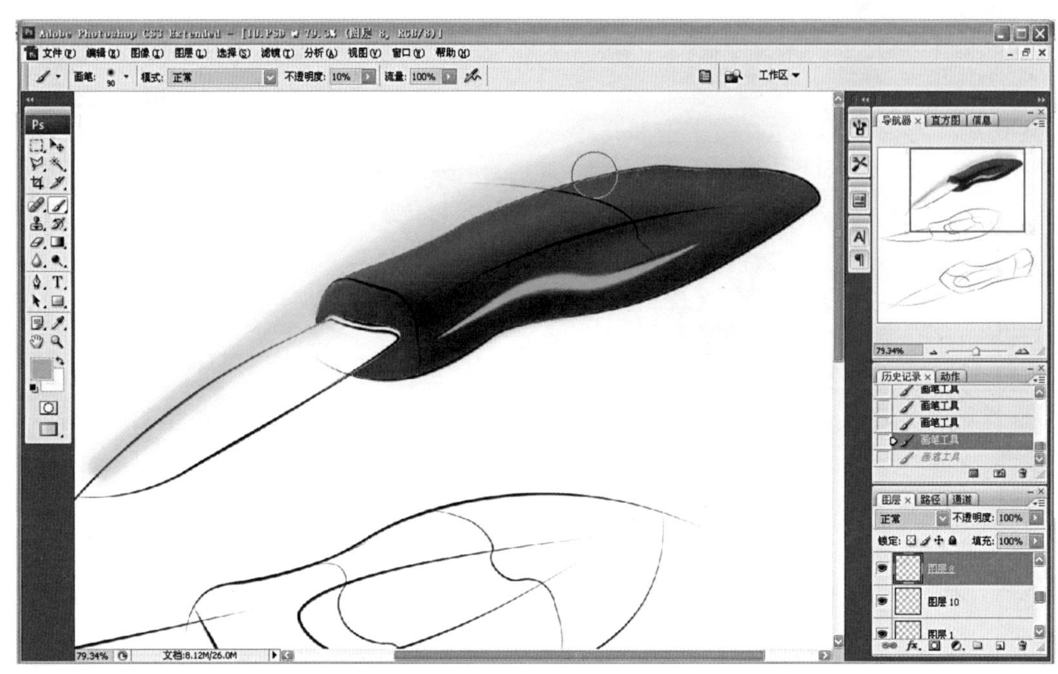

步骤 6 调节画笔笔型，并将不透明度调整至10%，根据画面色调需要绘制背景色彩效果，使背景与水果刀自然融合。

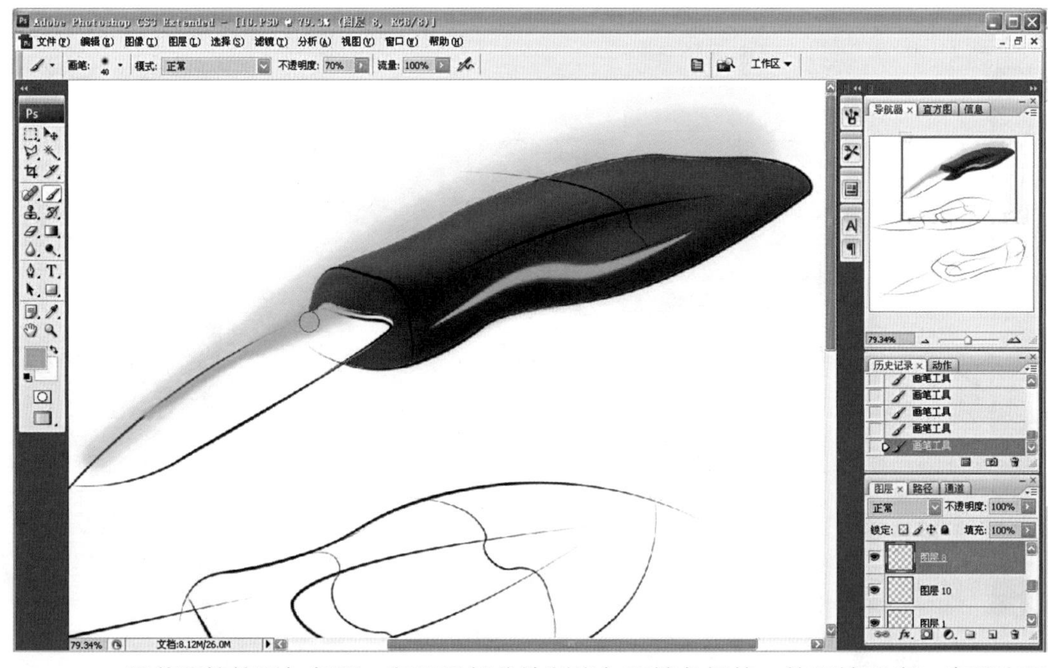

步骤 7 调节画笔笔型与色彩，在刀刃部分绘制出与环境色相统一的环境反光，表现出刀刃部分的材质特点。

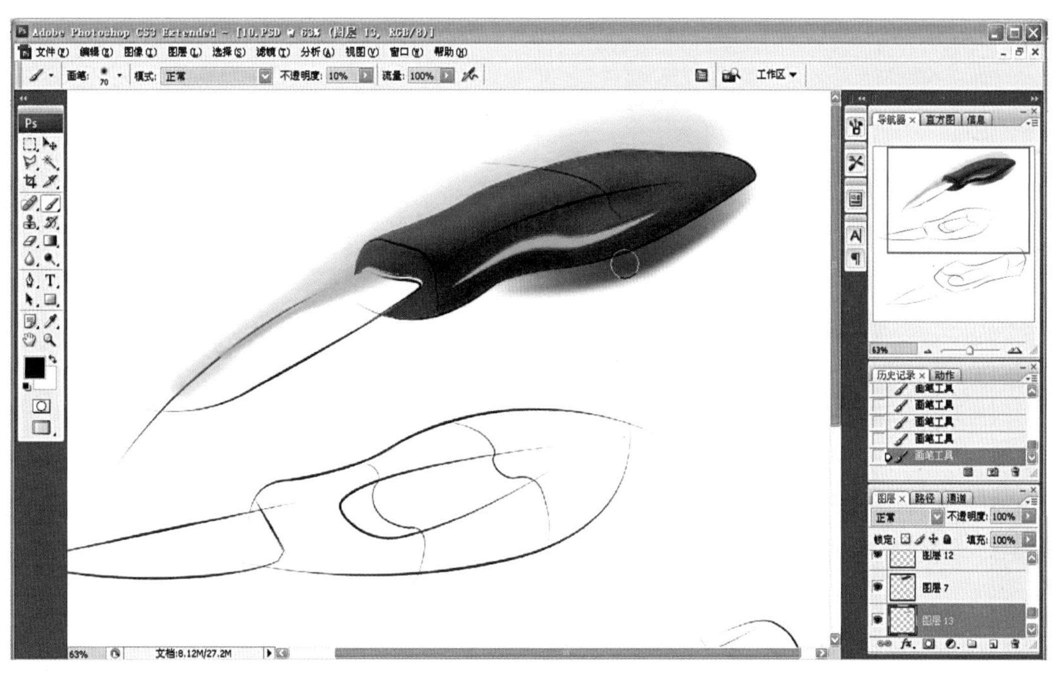

步骤 8 调节画笔笔型与色彩，采用黑色画笔绘制阴影部分，过程中需注意表现出阴影的虚实与浓淡关系。

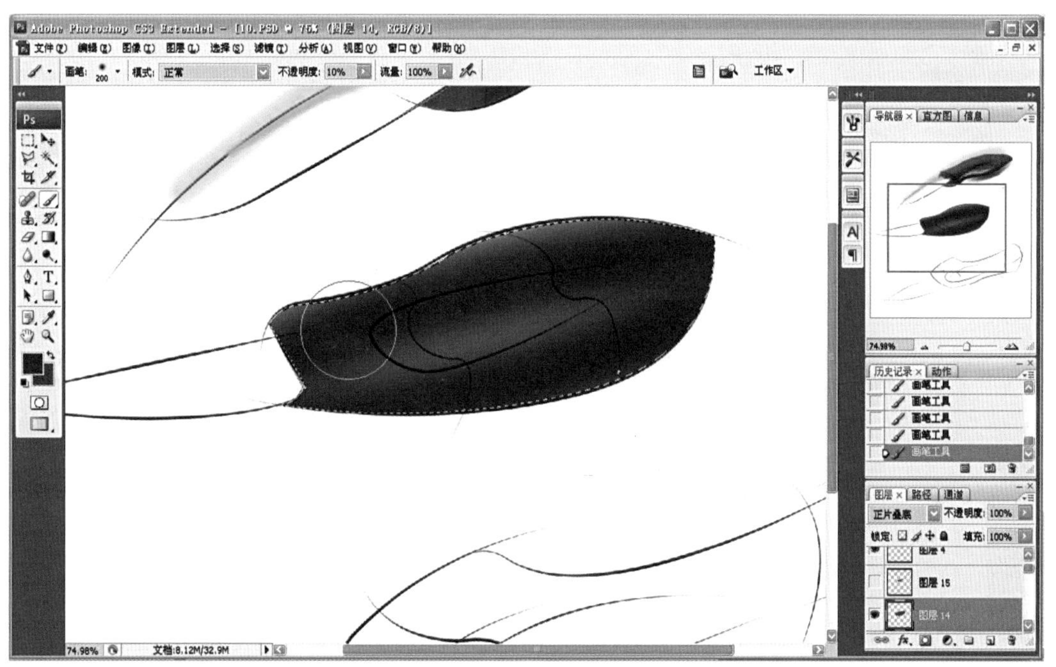

步骤 9 继续进行第二把刀的绘制。在Photoshop中新建一个图层，建立选区，选取画笔工具绘制刀把底色，过程中注意表现出刀把的体积感和虚实变化。

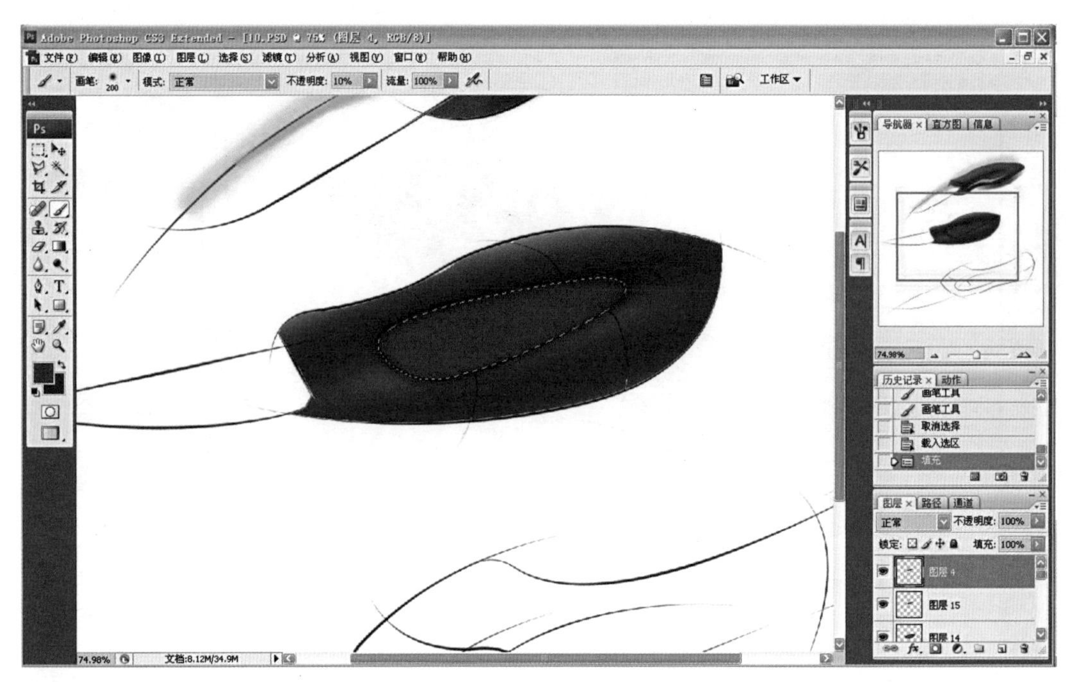

步骤 10 新建一个图层，建立选区，选取红色进行颜色填充，注意红色填充的位置应与刀把相协调。

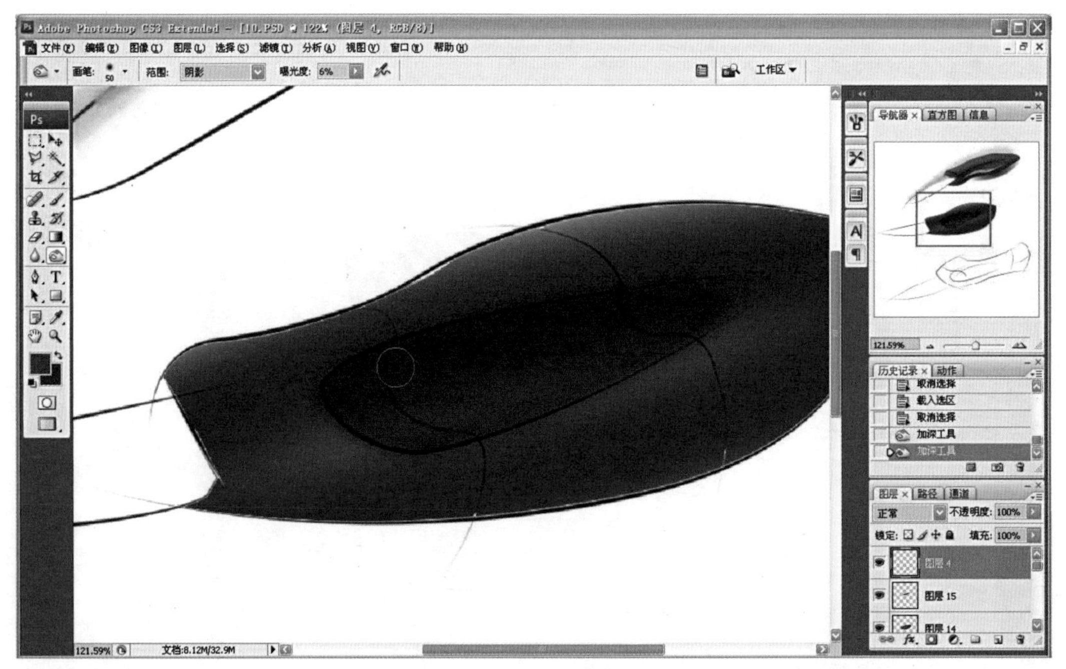

步骤 11 继续上一步骤，进一步描绘红色部分的体积感。根据光源位置把颜色加深，过程中应注意前后虚实的变化。

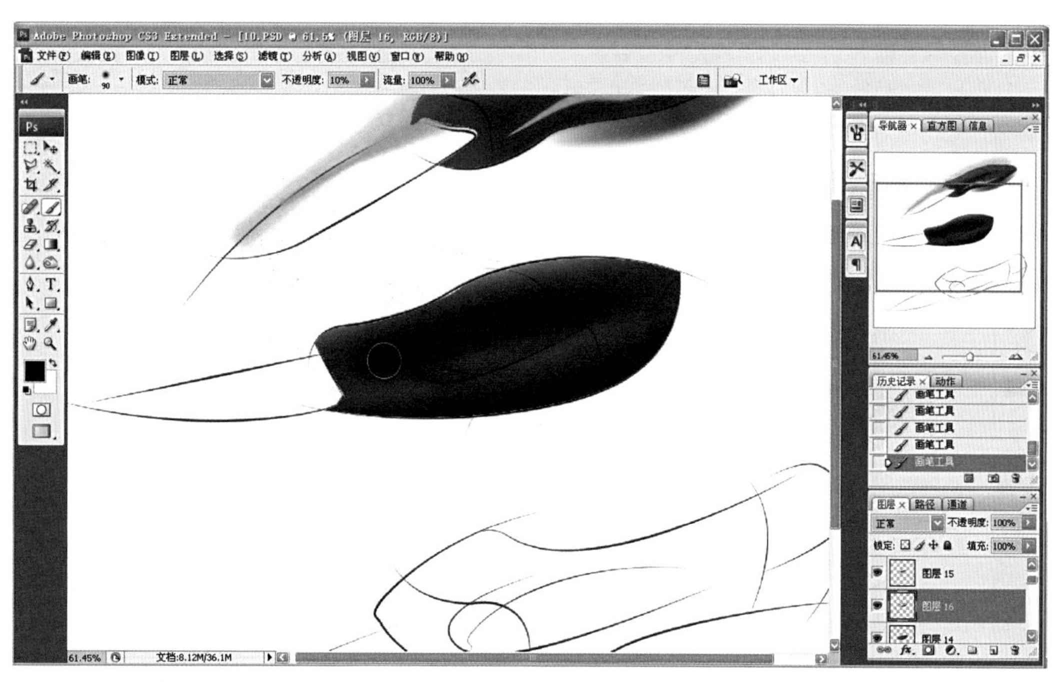

步骤 12 选取画笔工具对刀柄部分进行深入刻画，加重背光部，形成良好的体积感。过程中，应注意衔接要柔和自然。

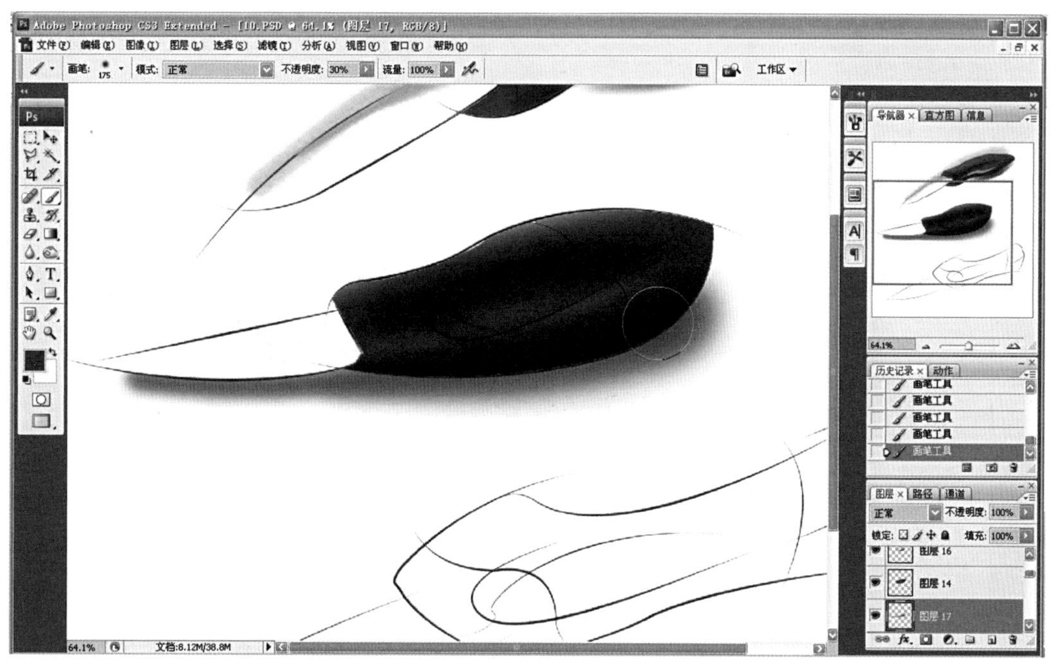

步骤 13 调节画笔笔型，并将不透明度调整至30%，根据画面色调需要绘制背景色彩效果，使背景与水果刀自然融合。

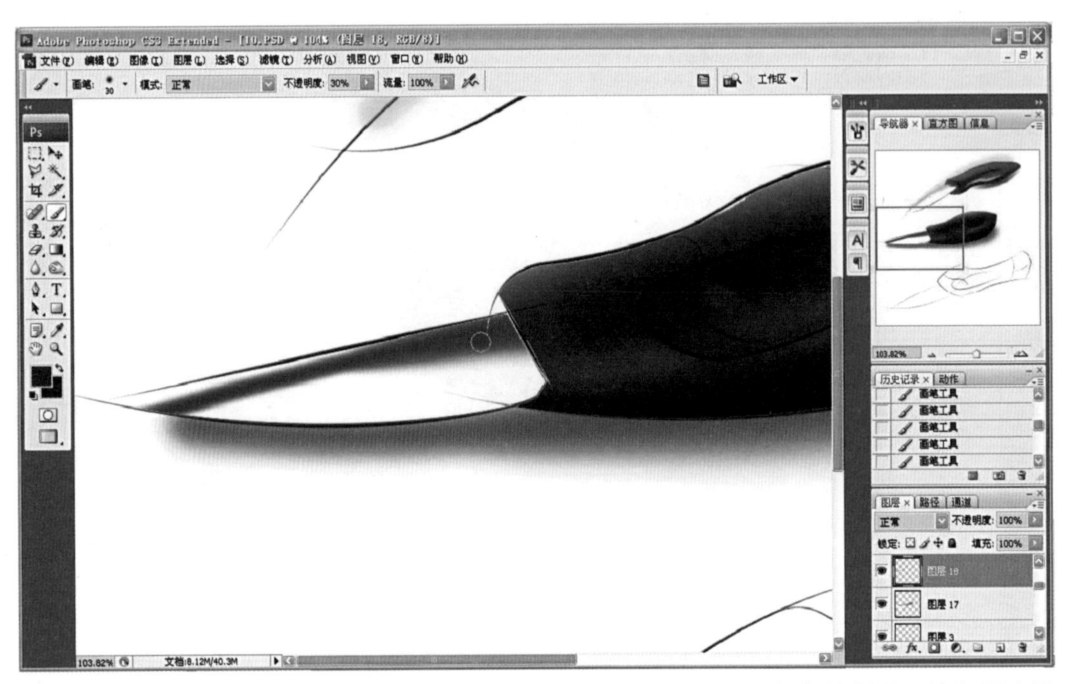

步骤 14 绘制刀刃上的反光。先采用深灰色画出基本色调，再用红色绘制受环境色影响的效果。

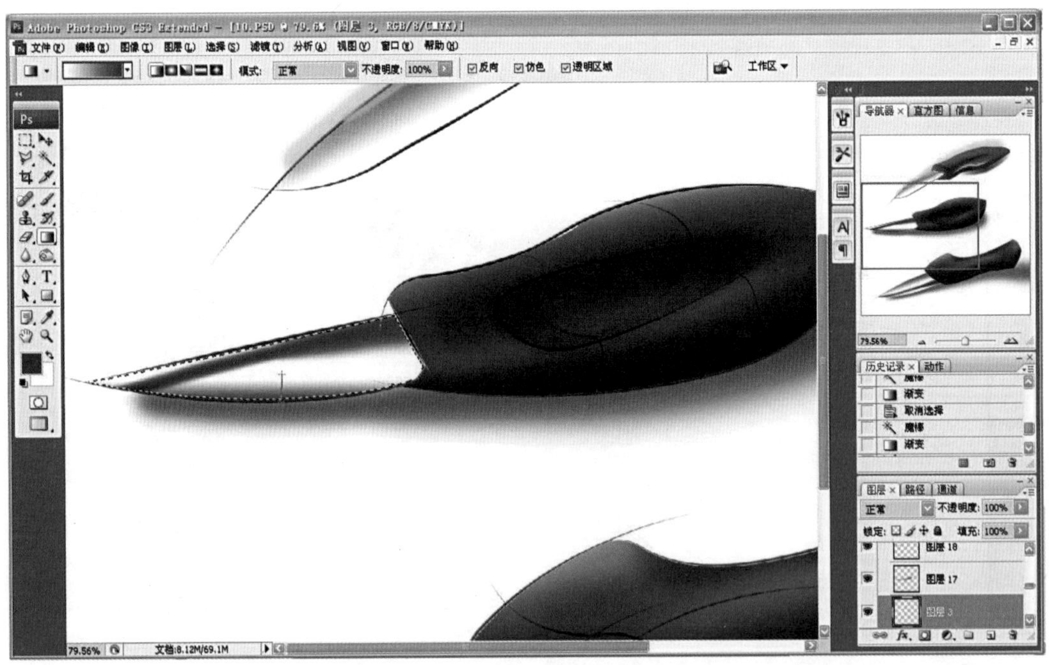

步骤 15 继续上一步骤，在刀刃处采用渐变方式绘制金属质感，表现刀锋的材料特点。按此方式绘制出第三把刀。

4.1.4 电脑表现技法——概念灯（Photoshop）

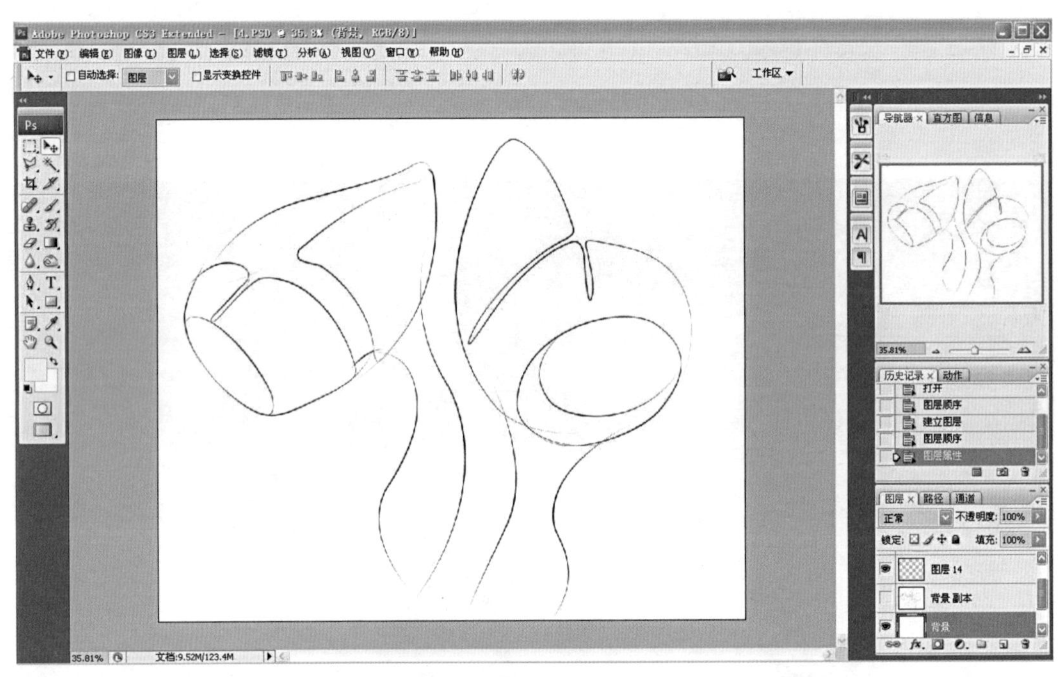

步骤 1 绘制线稿。线稿可采用扫描方式导入Photoshop，或使用数位板直接在电脑上进行勾勒。注意体面转折，线条要流畅。

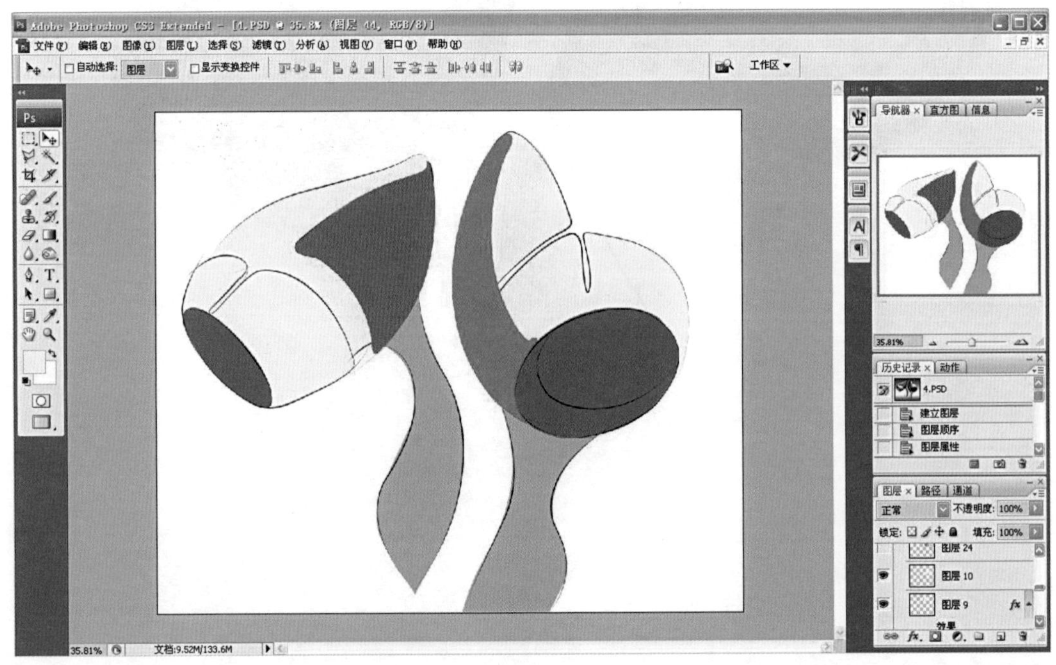

步骤 2 在不同颜色选区建立各自的新图层，将要上色的区域进行勾勒，填充所需基本颜色。在本步骤中，颜色只需平涂即可。

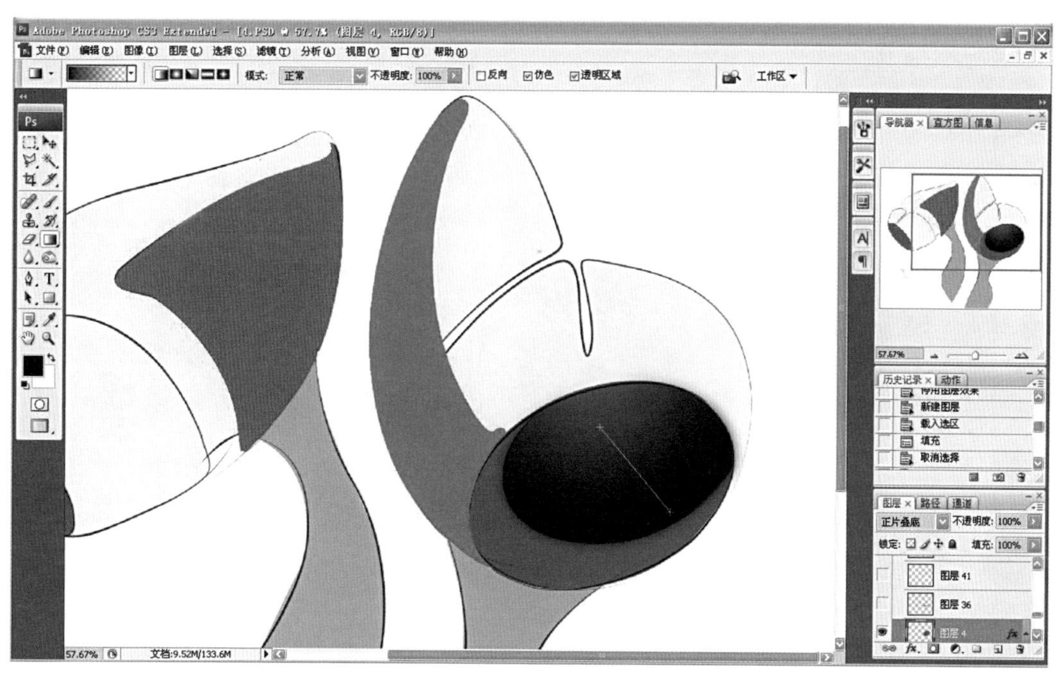

步骤 3 在灯口图层上，选取灯口椭圆形，根据圆弧形状，使用渐变工具，使灯口呈现柔和的渐变效果。

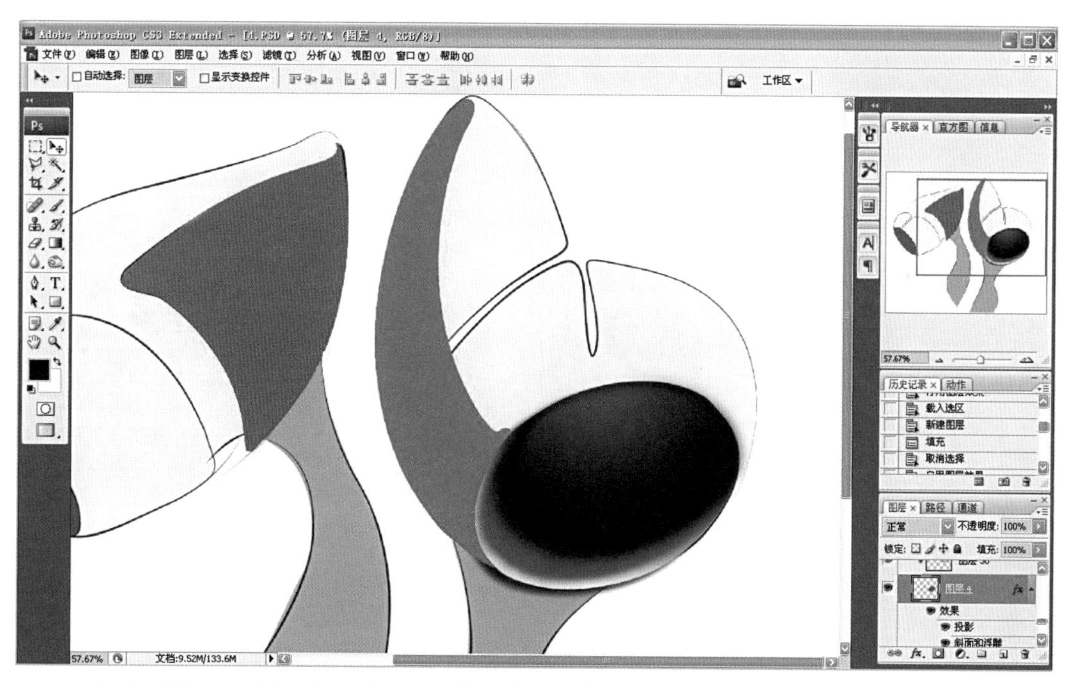

步骤 4 使用黑色画笔工具加强灯口的明暗交界线，使灯口周围变暗，在灯口轮廓边缘使用白色画笔工具表现高光区域。

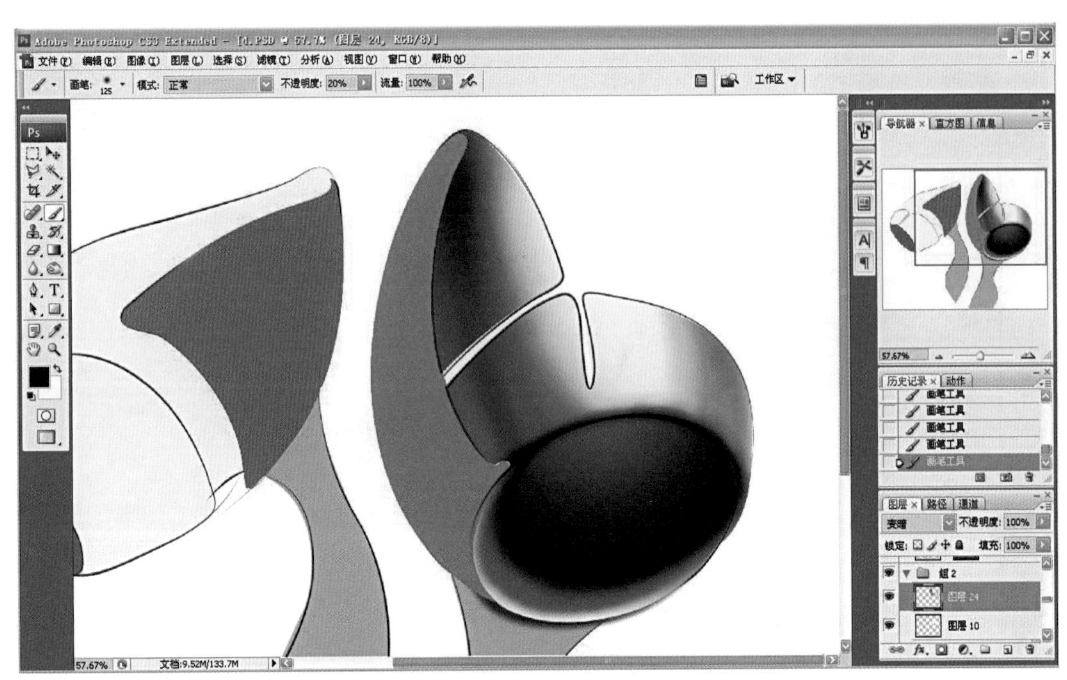

步骤 5 选取灯头金属部件位置，使用画笔工具，根据光线的变化规律绘制出灯头的金属质感，注意灯口处的转折。

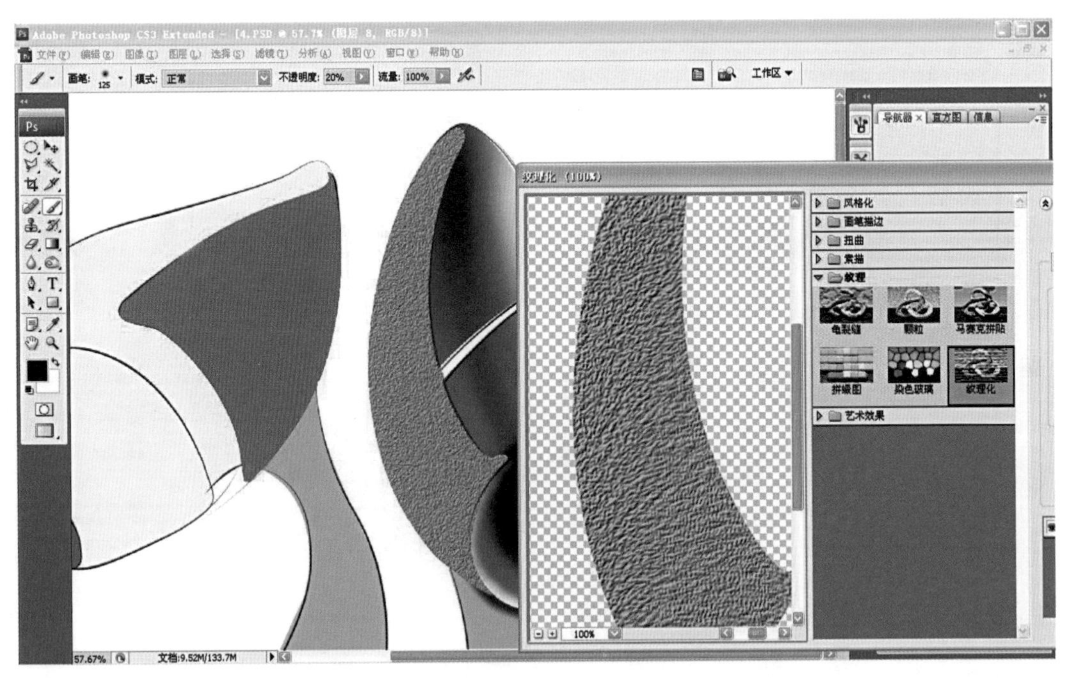

步骤 6 选择蓝色区域的部分，使用滤镜选项中的纹理/纹理化选项，添加上材质，使画面显得丰富。

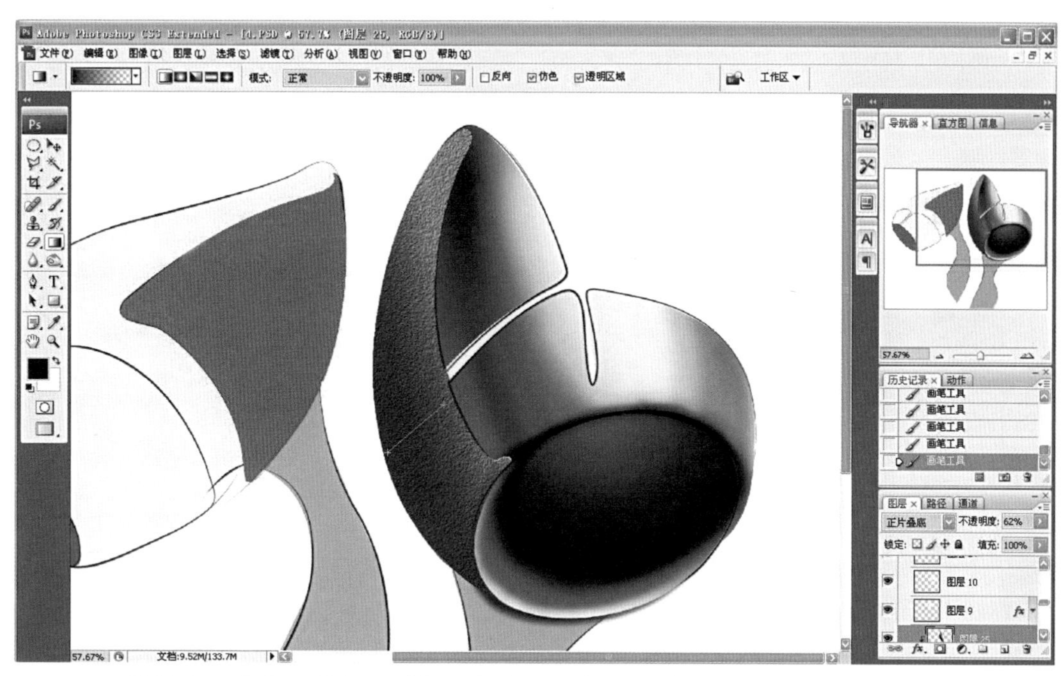

步骤 7 继续上一步骤，蓝色区域仍显得太平面化，新建一图层，使用渐变工具，拉黑色至透明渐变表现出体积感。

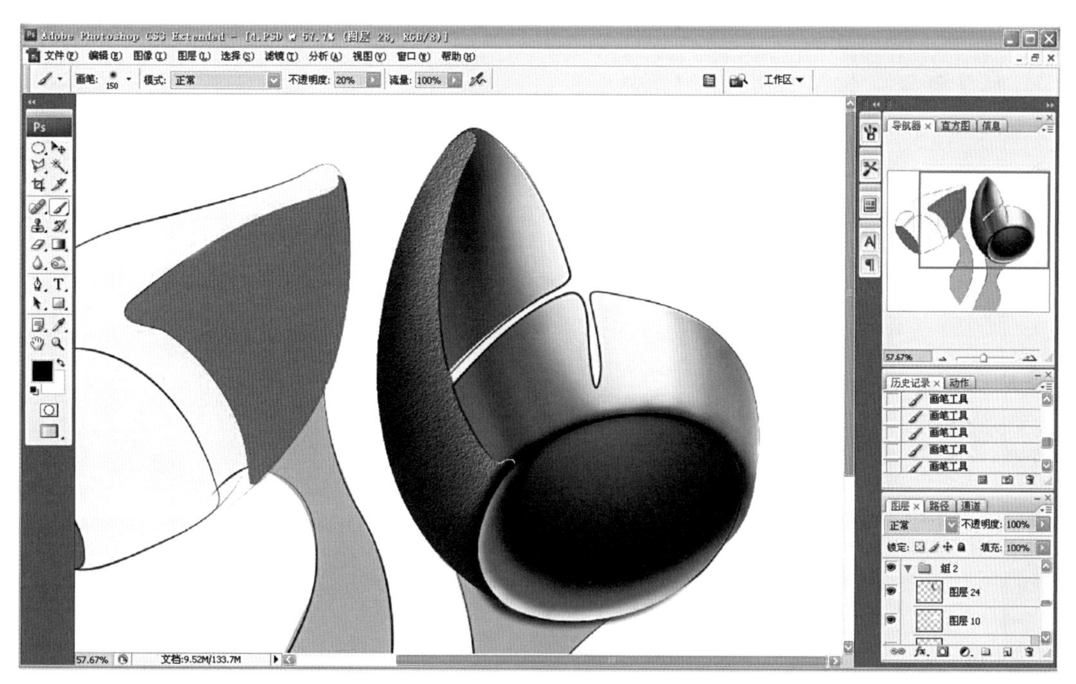

步骤 8 继续深化，添加细节，使用画笔工具描绘灯口处的转折，注意与金属部分灯口的衔接。

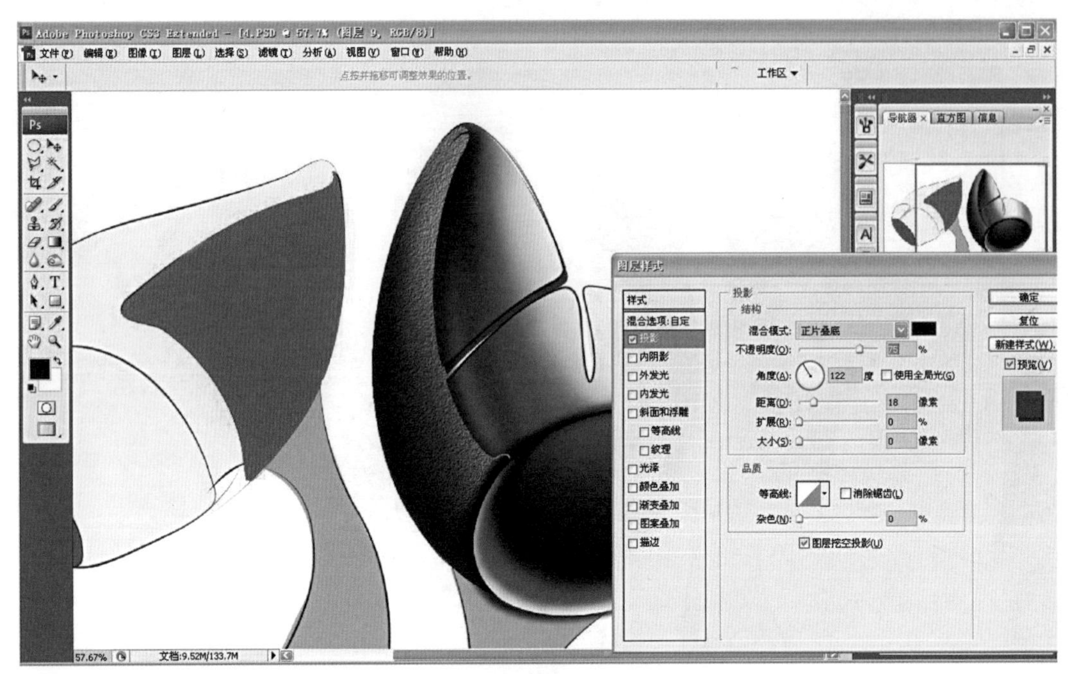

步骤 9 使用混合选项/投影工具，选择正片叠底方式，添加蓝色部分整体投影，使效果显得更加真实。

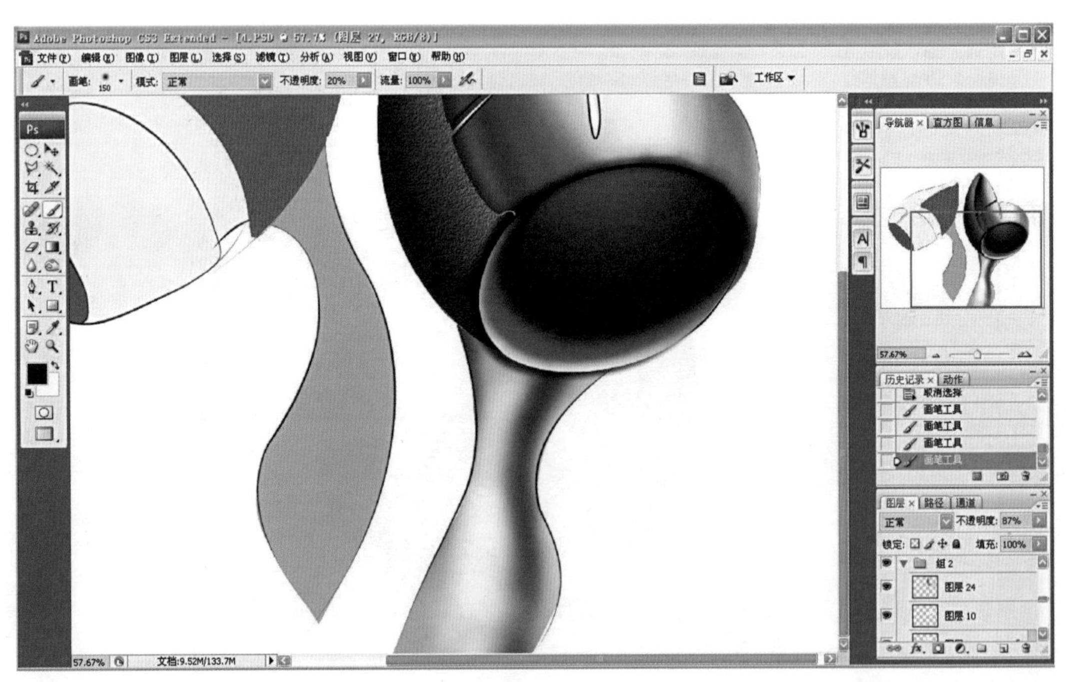

步骤 10 使用画笔工具，将灯支架部分画出体积感。过程中注意按照灯支架的结构绘制明暗交界线。

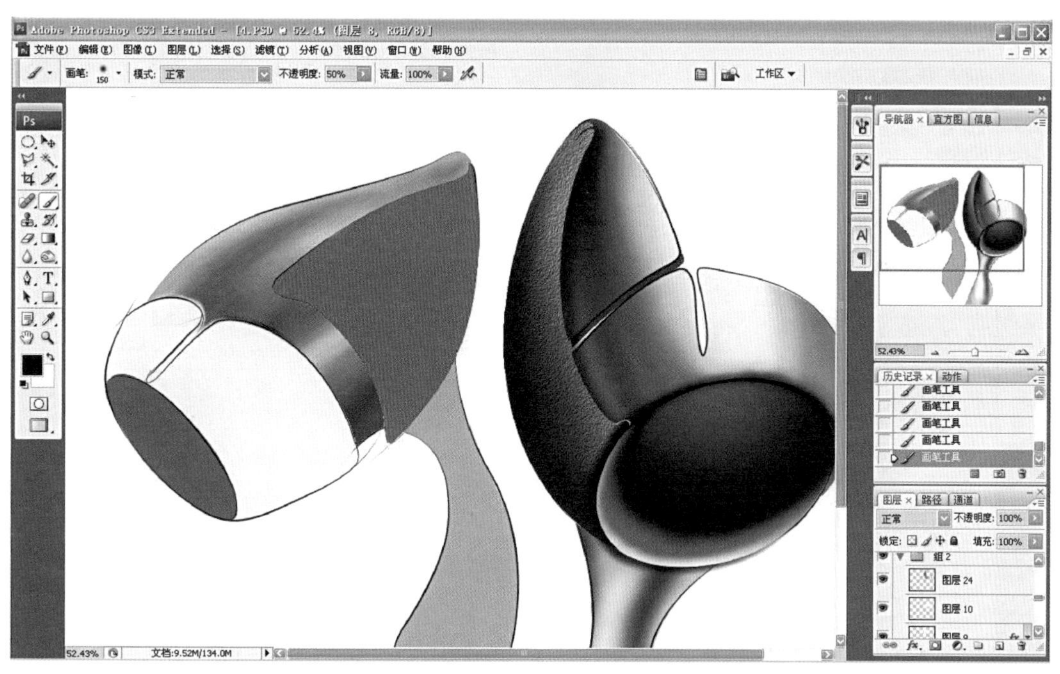

步骤 11 左侧灯具按照同样方法处理灯头，使用画笔工具描绘出灯头的金属质感。注意两盏灯的光源要一致。

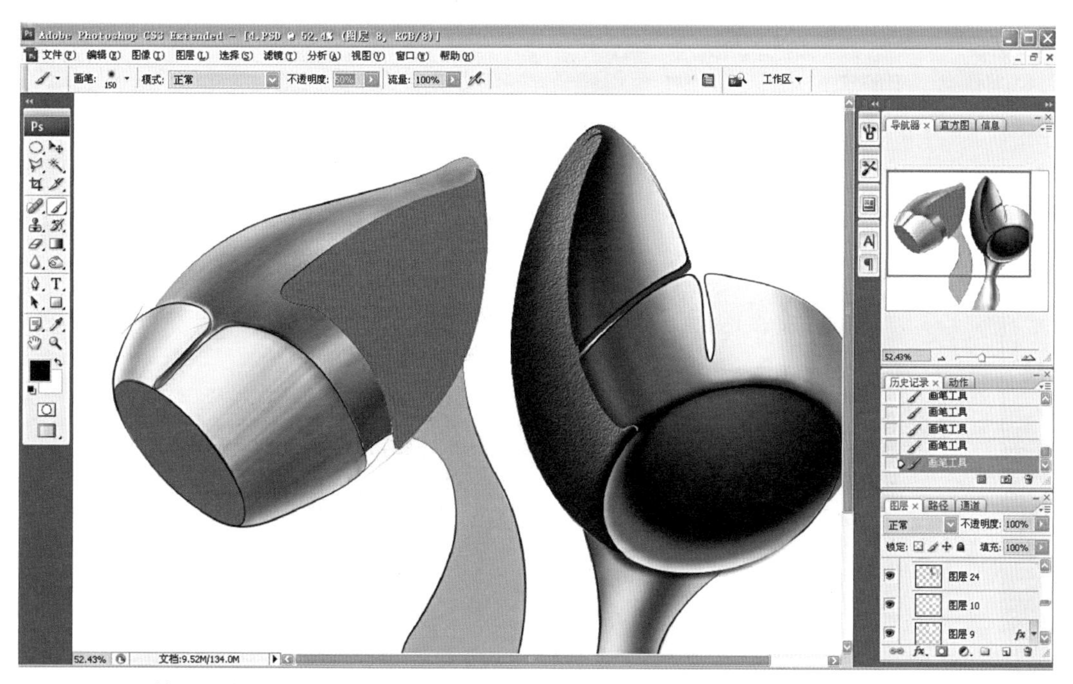

步骤 12 使用画笔工具描绘出灯口处的金属质感，灯口处的色彩比灯头略微亮一些，可以更好地体现出产品的结构。

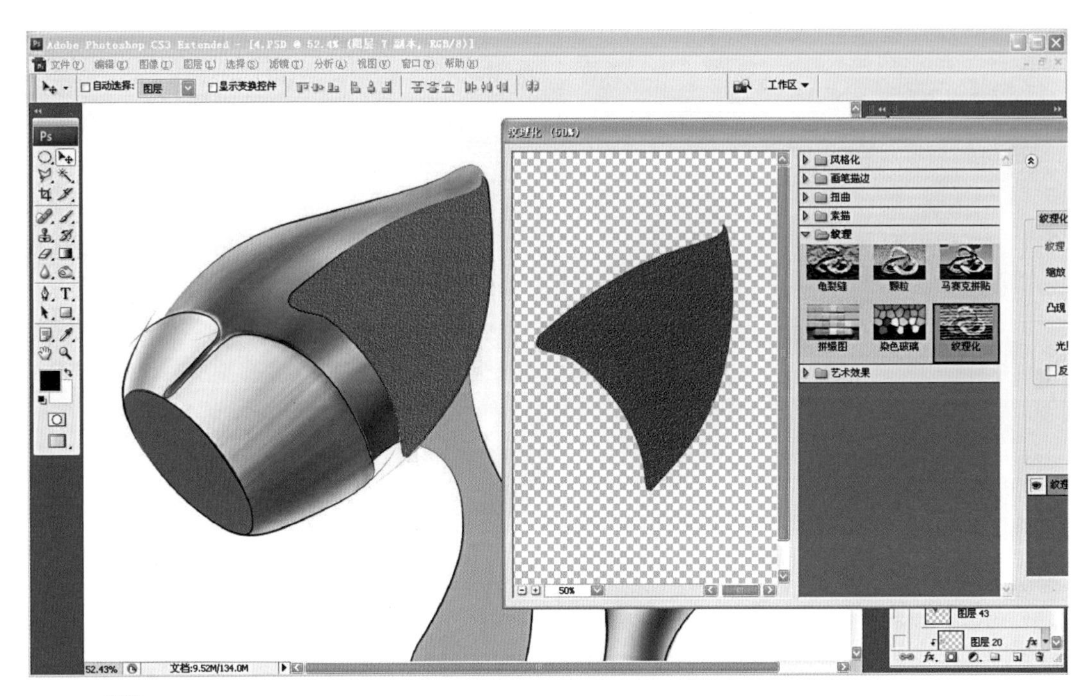

步骤 13 选择红色区域的部分，使用滤镜选项中的纹理/纹理化选项，添加上材质。

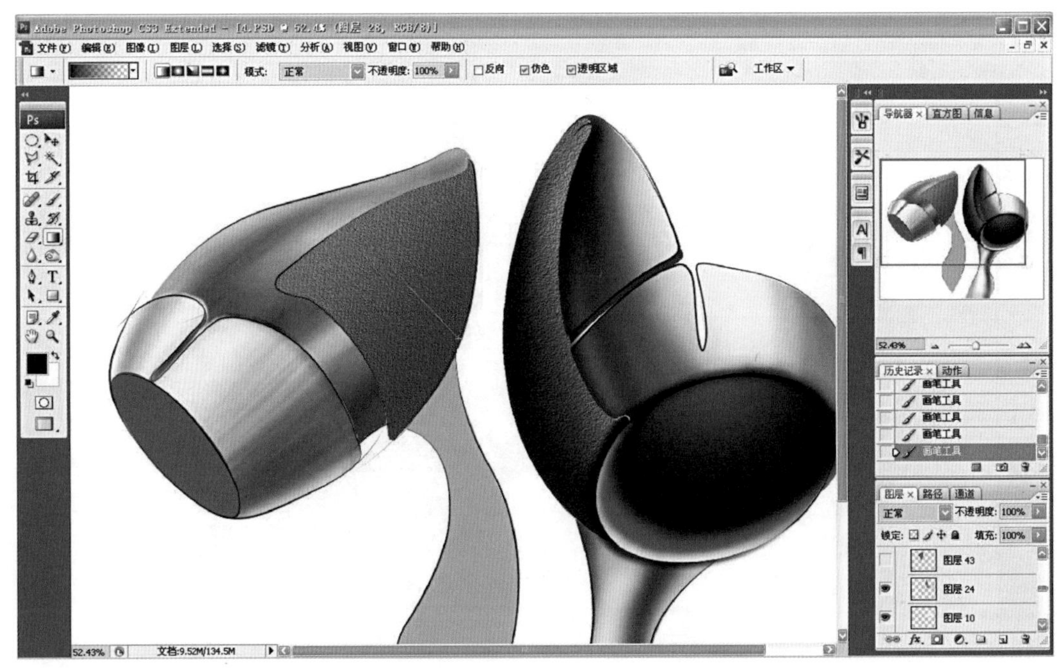

步骤 14 继续上一步骤，红色区域仍显得太平面化，新建一图层，使用渐变工具，拉黑色至透明渐变表现出体积感。

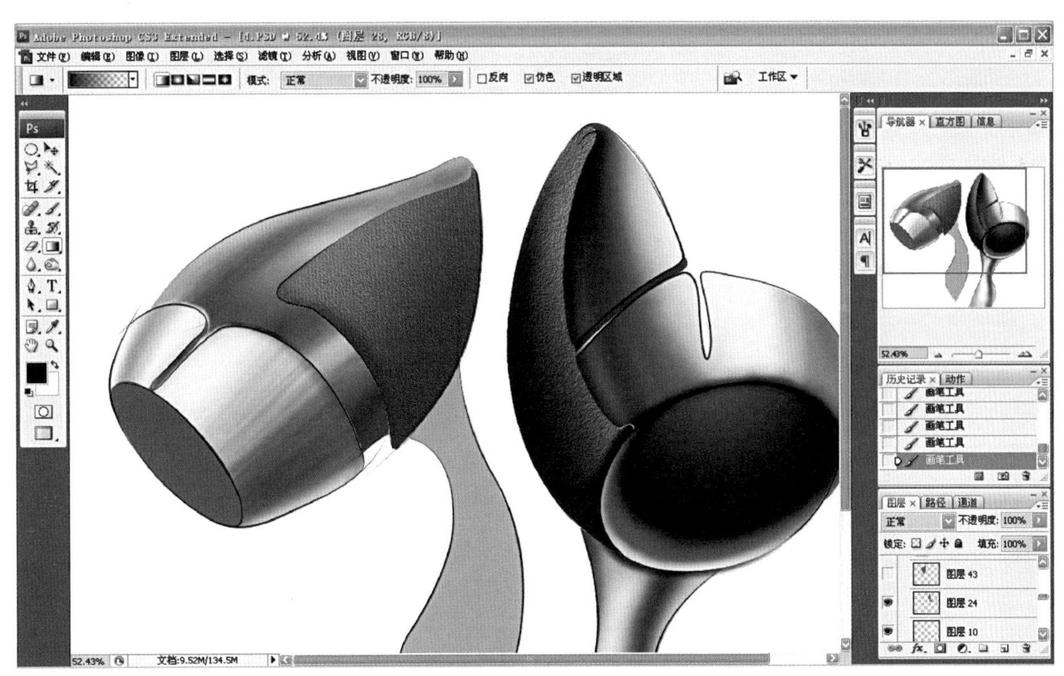

步骤 15 继续深化，添加细节，使用画笔工具描绘红色部分的厚度，并表现出形体的转折。

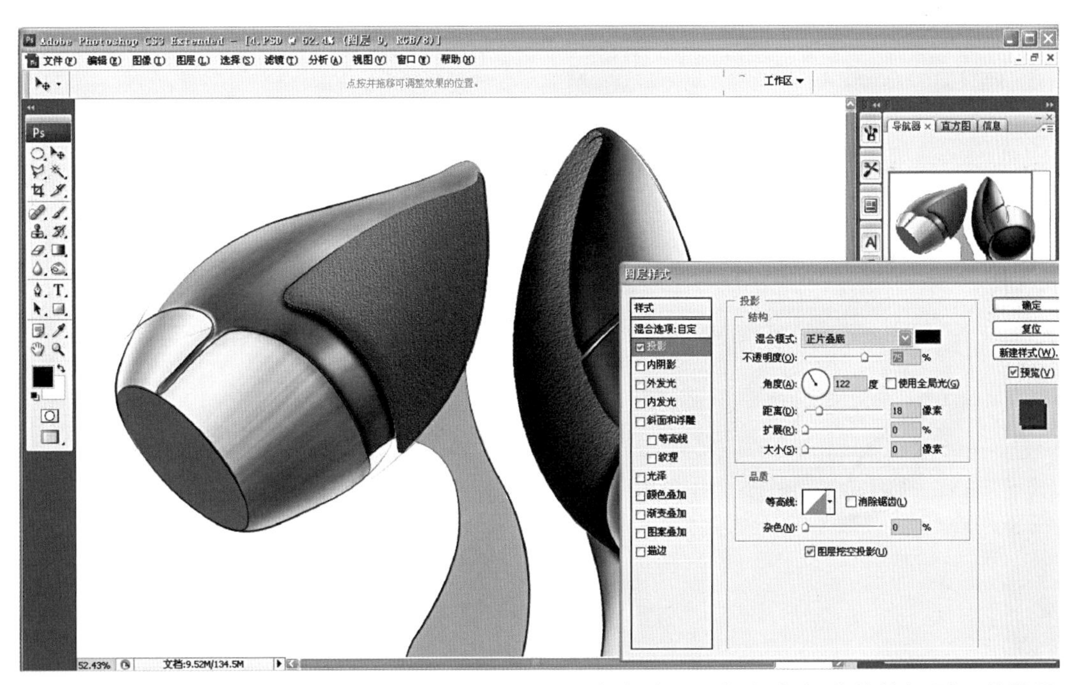

步骤 16 使用混合选项/投影工具，选择正片叠底方式，添加红色部分整体投影，使效果显得更加真实。

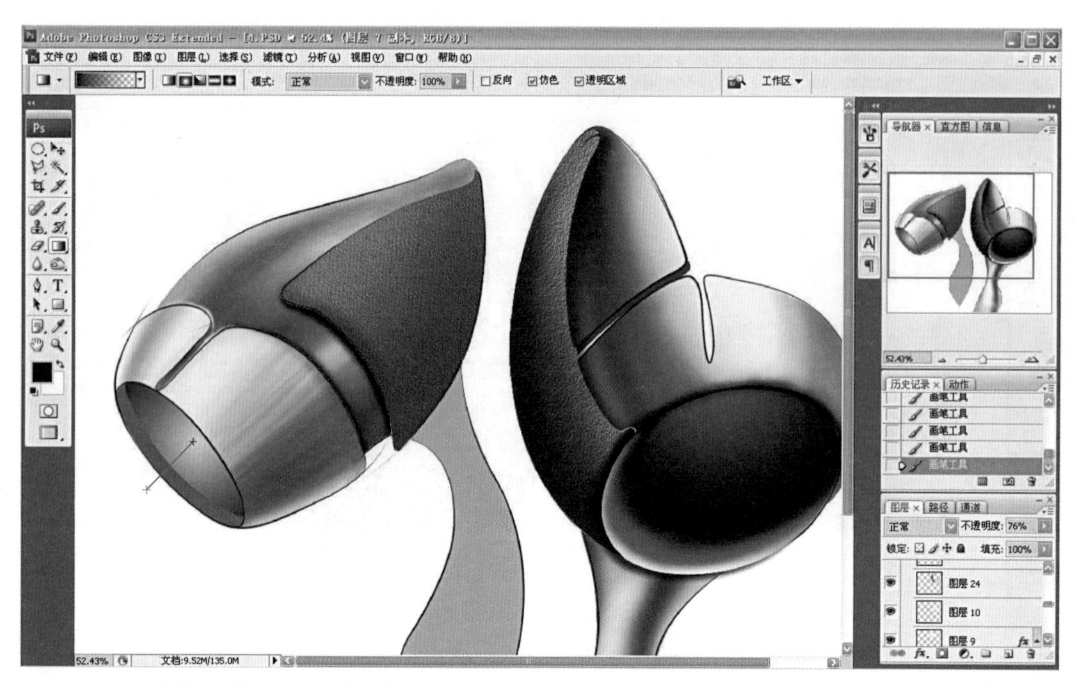

步骤 17 在灯口图层上，选取灯口椭圆形，根据圆弧形状，使用渐变工具，使灯口呈现柔和的渐变效果。

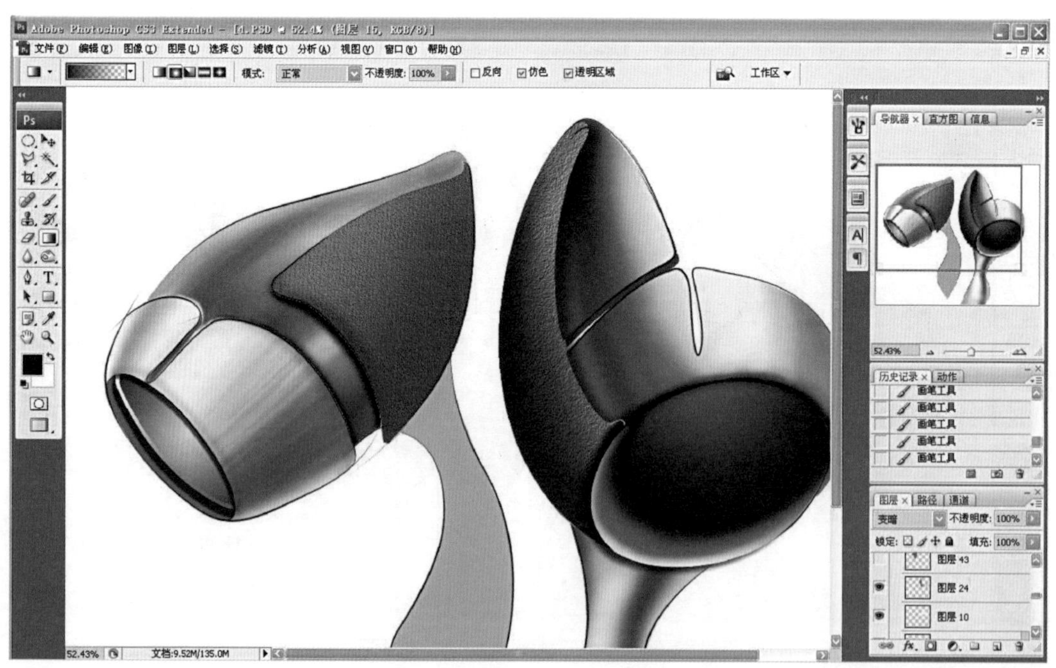

步骤 18 使用黑色画笔工具加强灯口的阴影部分，在灯口轮廓边缘使用白色画笔工具表现高光区域，突出体积感。

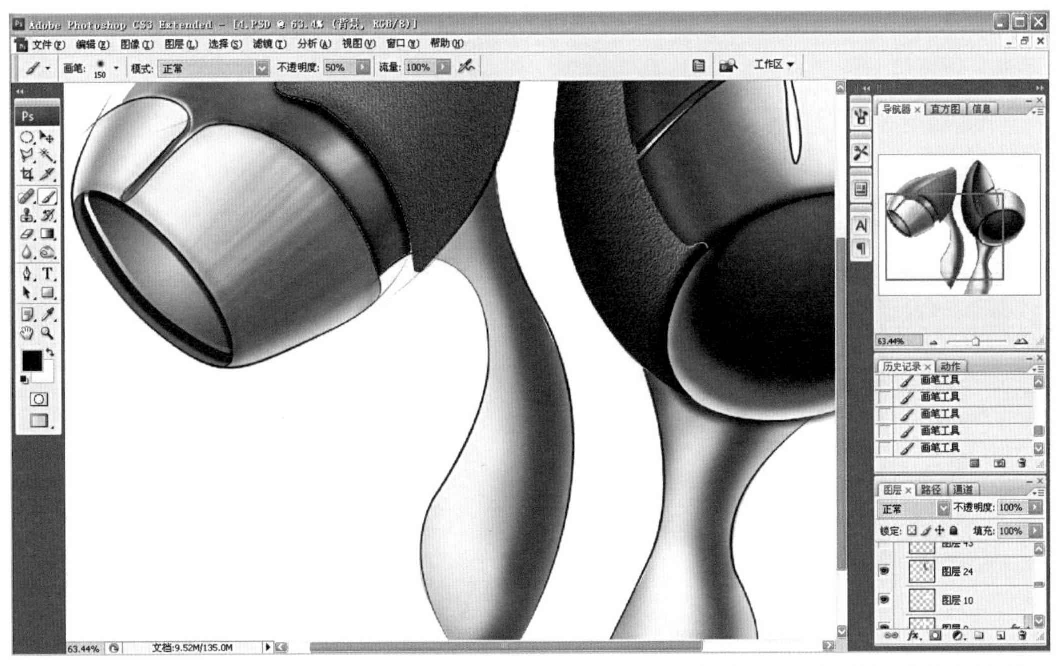

步骤 19 使用画笔工具，将灯支架部分画出体积感。过程中注意按照灯支架的结构绘制明暗交界线。

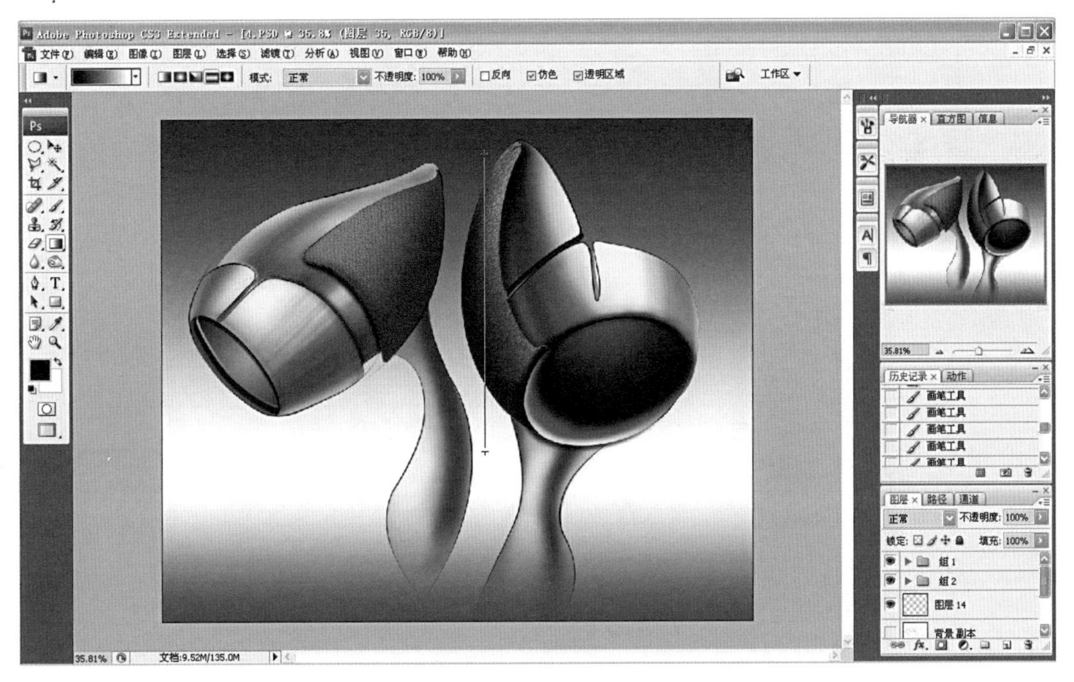

步骤 20 添加背景图层，使用渐变工具，为整个画面添加背景。

4.1.5 电脑表现技法——音乐播放器（Photoshop）

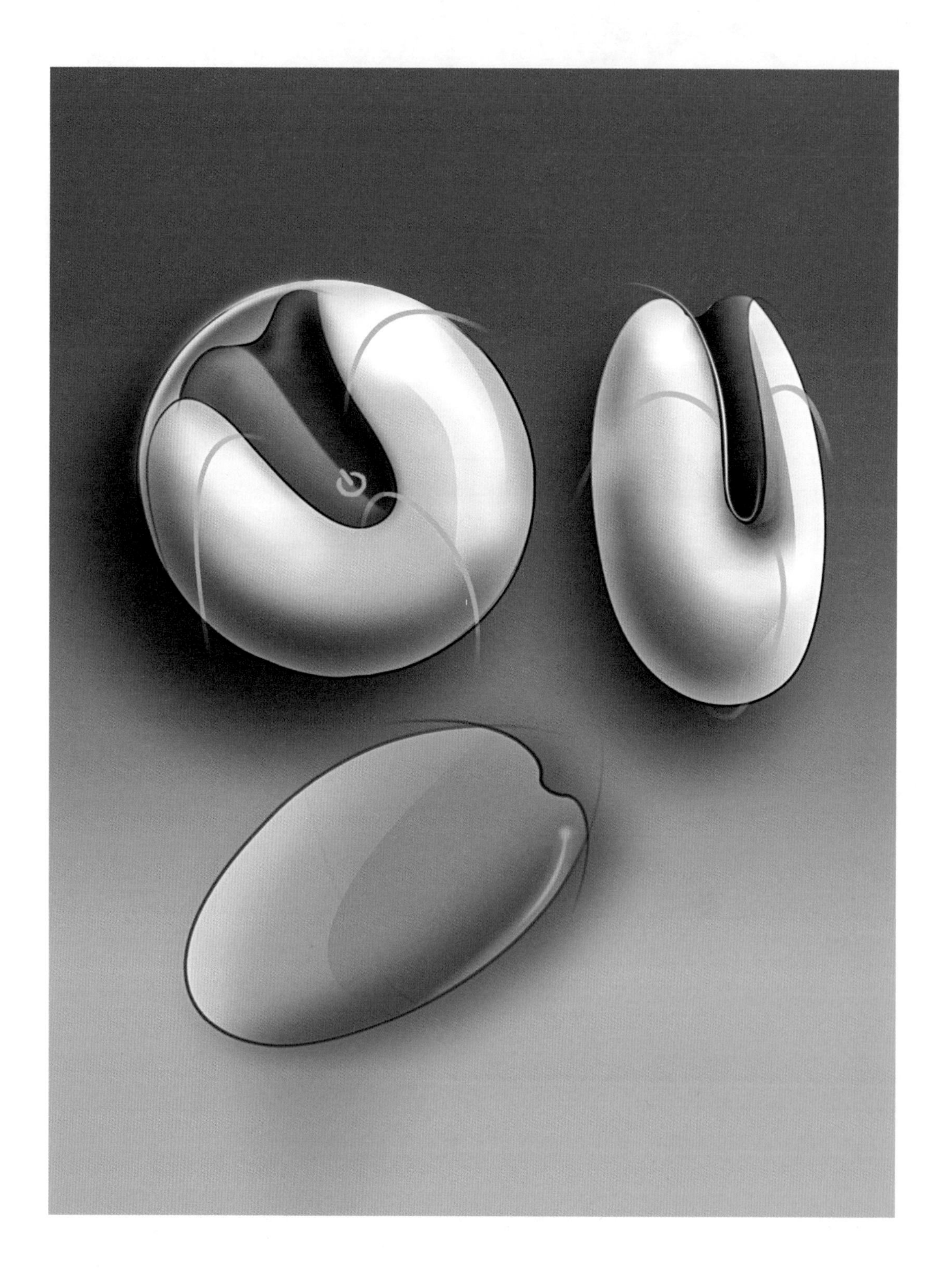

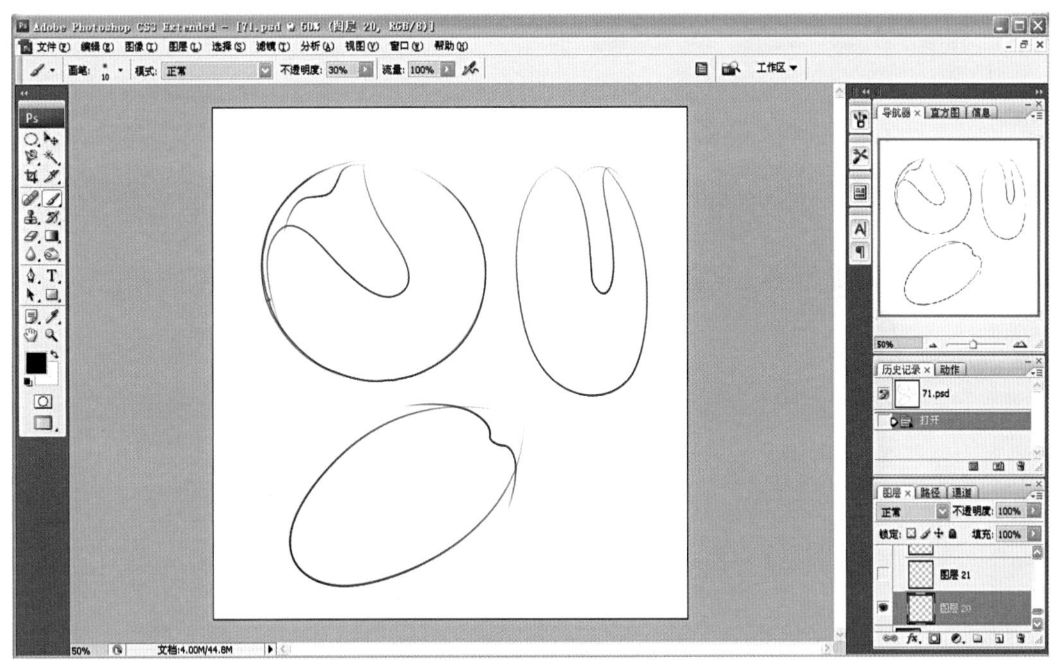

步骤 1　绘制线稿。线稿可采用扫描方式导入Photoshop，或使用数位板直接在电脑上进行勾勒。注意体面转折，线条要流畅。

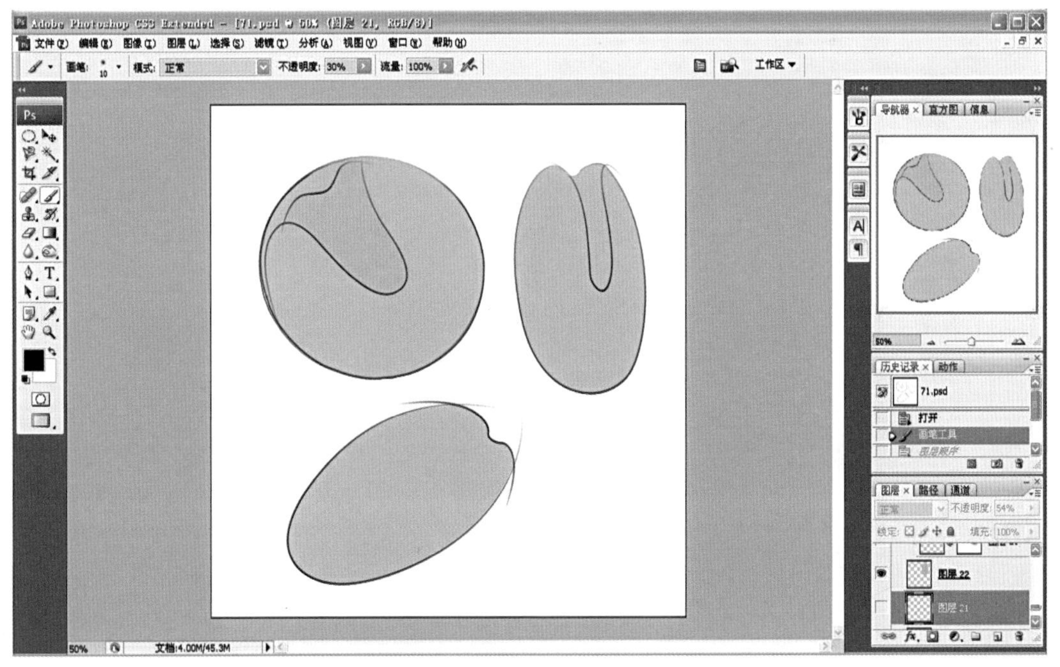

步骤 2　产品按照不同单体建立各自的新图层，将要上色的区域进行勾勒，填充所需基本颜色。在本步骤中，颜色只需平涂即可。

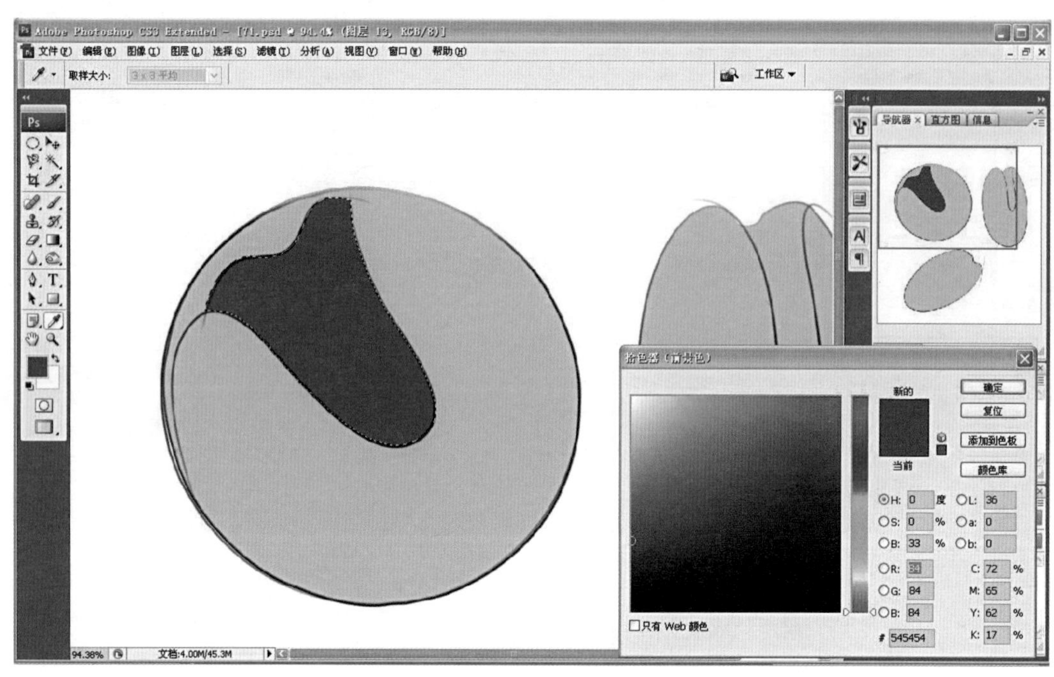

步骤 3 在顶视图中，选择凹槽部分，建立选区，填涂灰色。在本步骤中，颜色只需平涂即可。

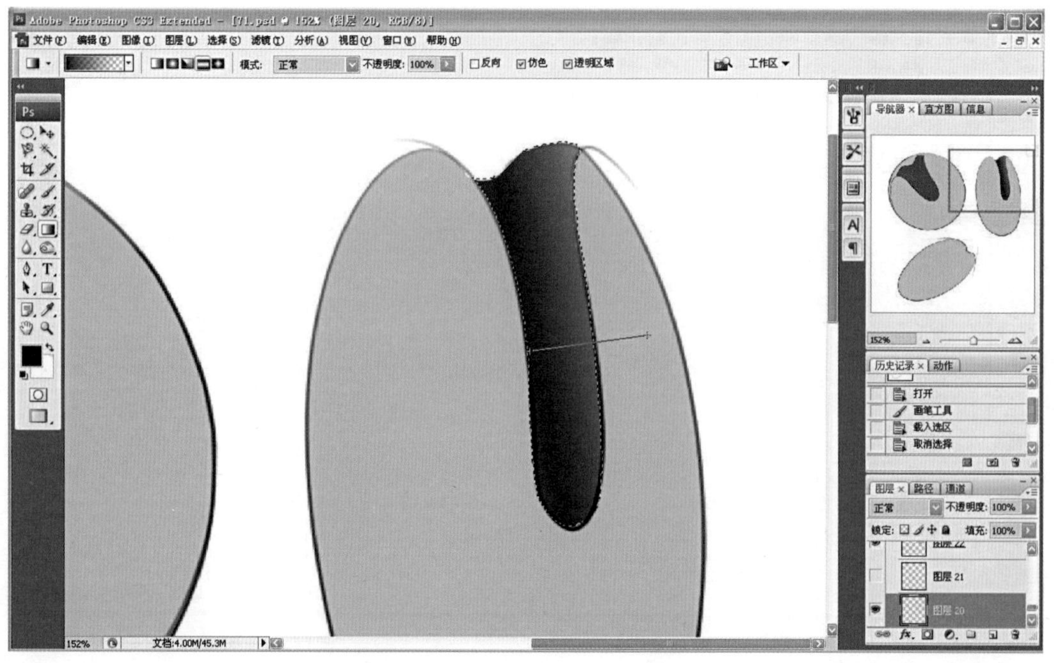

步骤 4 在侧视图中，选取凹槽部分，使用渐变工具，表现出体积感，不要只是纯填充黑色，避免显得平面、死板。

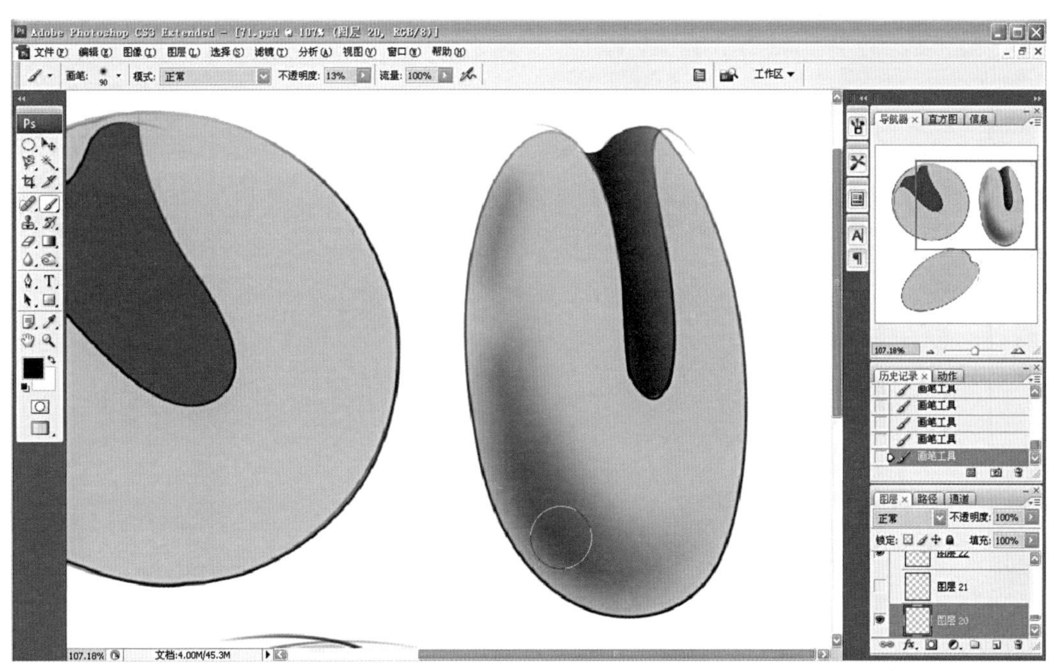

步骤 5 在侧视图中，使用画笔工具，表现出体积感，根据产品的造型特点，绘制出明暗交界线。

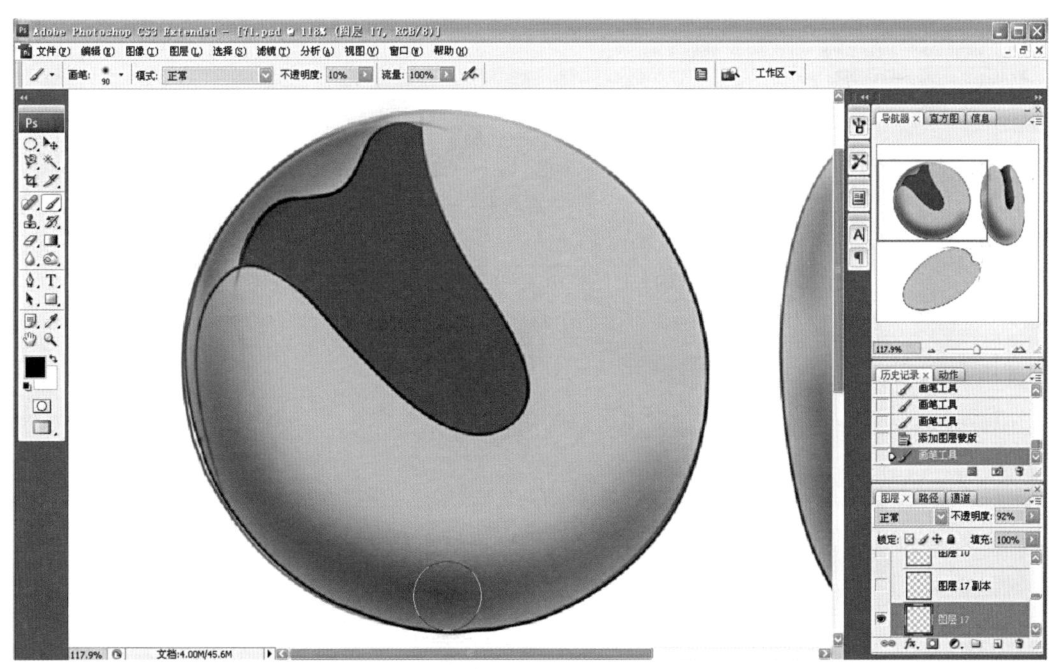

步骤 6 在顶视图中，使用画笔工具，表现出体积感，根据产品的造型特点，绘制出明暗交界线。

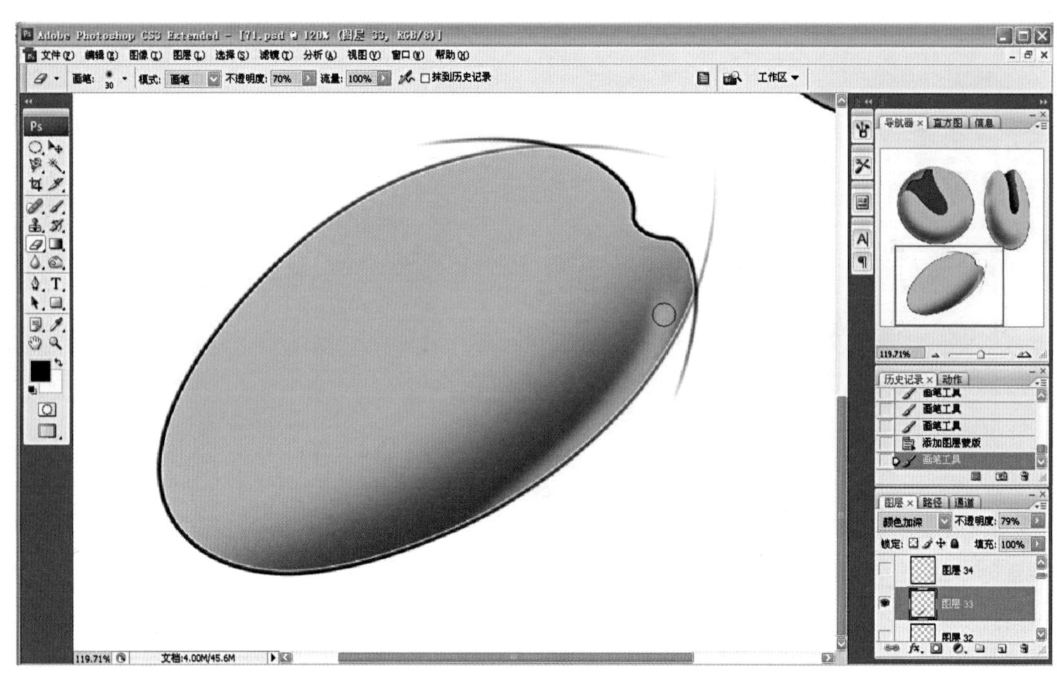

步骤 7 在底视图中，使用画笔工具，表现出体积感，根据产品的造型特点，绘制出明暗交界线。使用橡皮擦工具擦出反光部分。

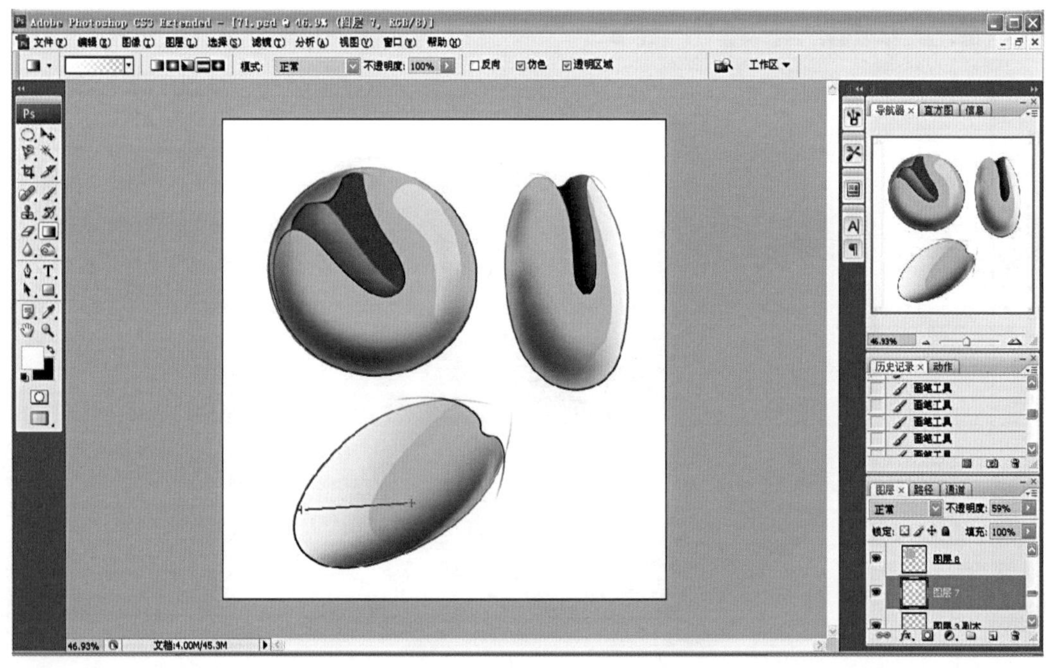

步骤 8 分别选取三个视图的高光部分，建立选区，使用渐变工具，表现高光的自然过渡和变化。选取顶视图的凹槽部分，建立选区，使用渐变工具，表现受光部分。

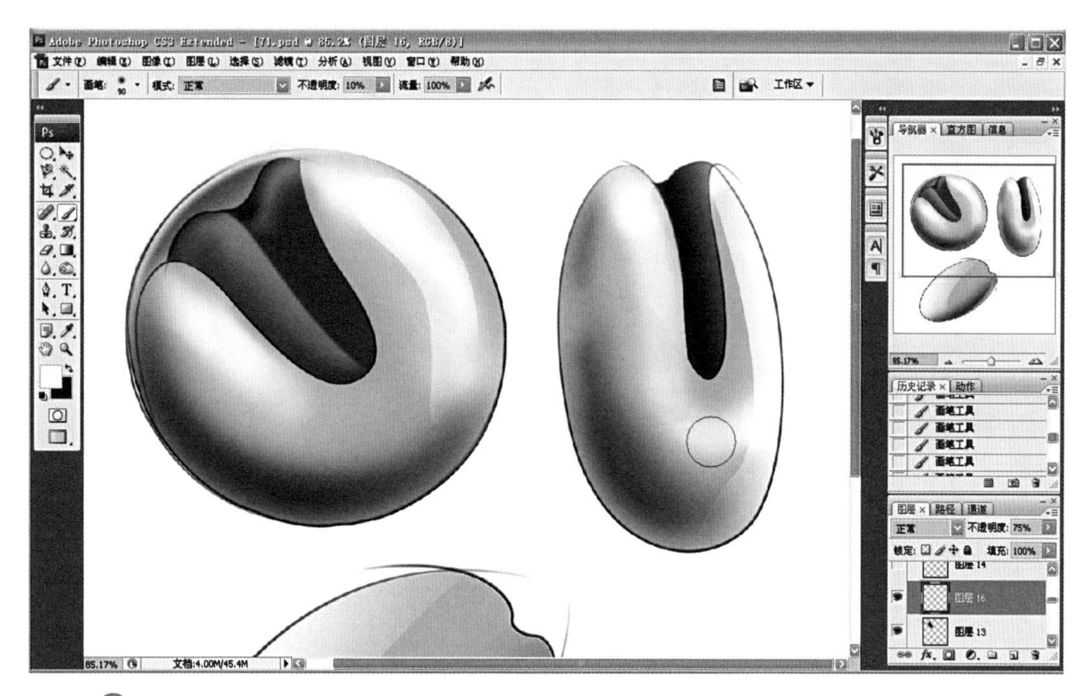

步骤 9 使用白色画笔工具，绘制受光部，并进一步提高高光区域的亮度。

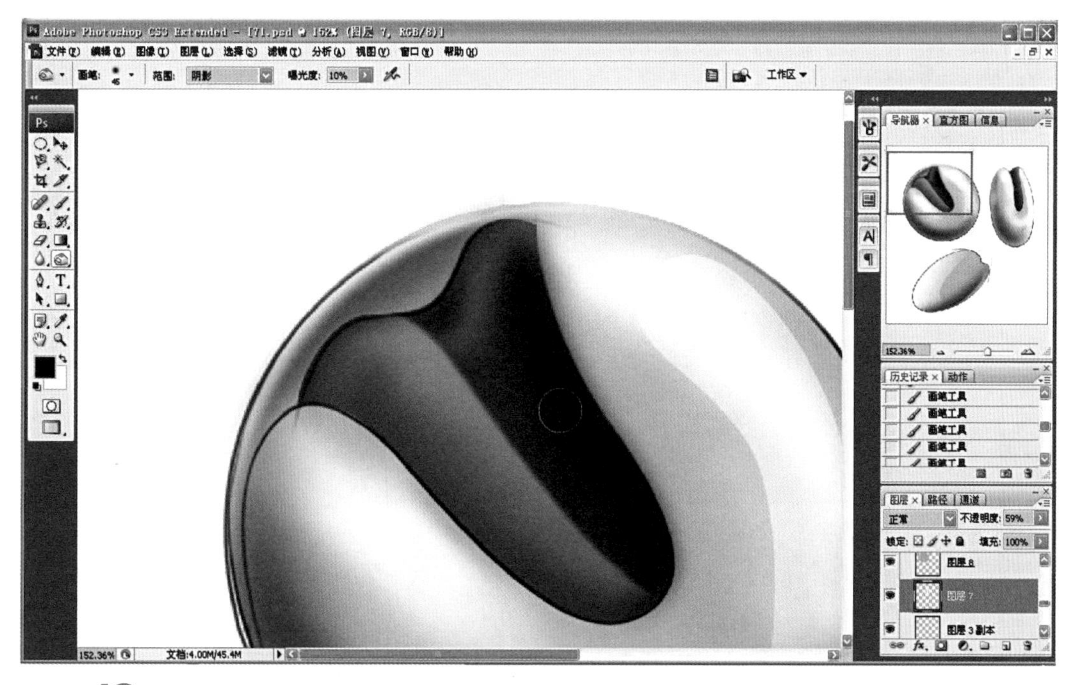

步骤 10 使用画笔工具，在顶视图的凹槽部分绘制明暗，以表现体积感和产品的造型特点。

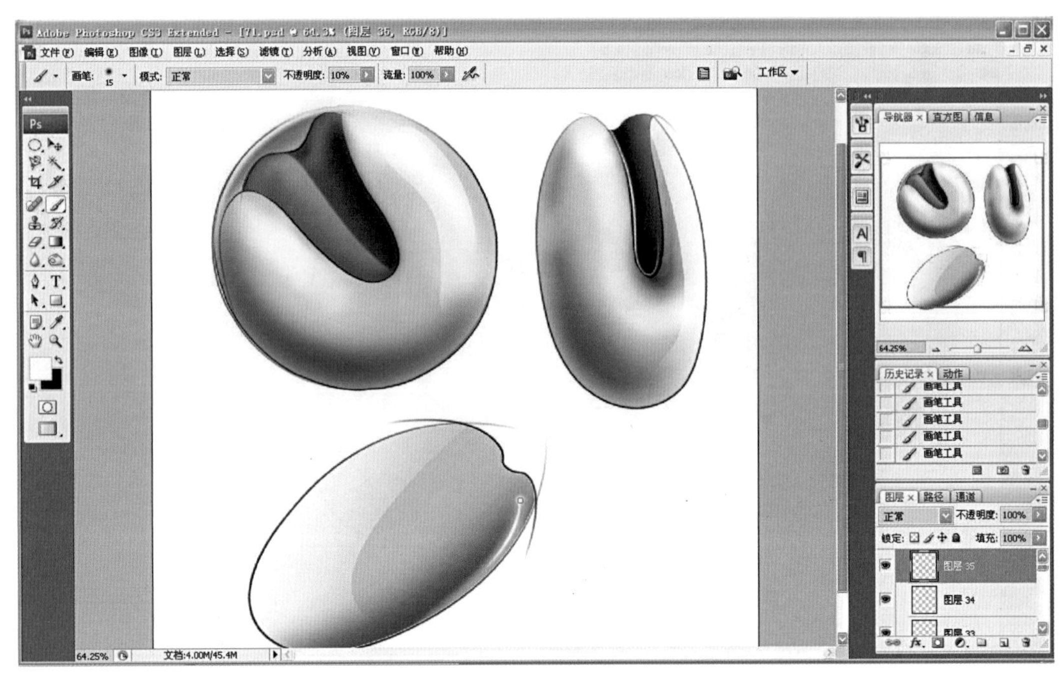

步骤 11 在底视图中，使用画笔工具，调整至较细的笔型，用白色绘制高光，注意用笔要干净利落，不要拖泥带水。

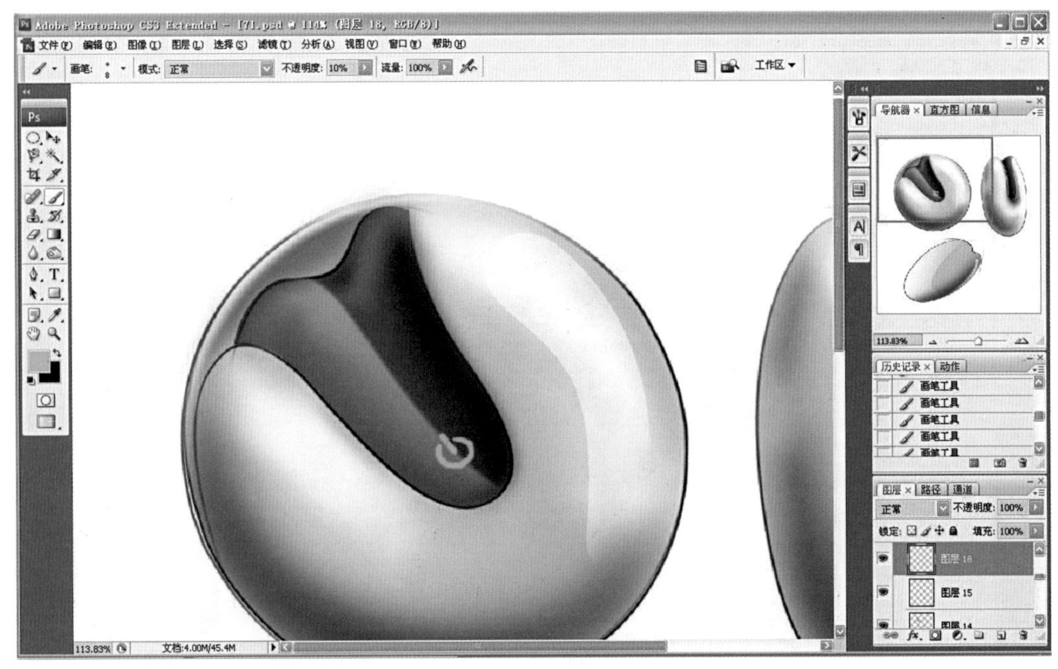

步骤 12 选择一张按钮的图片，将色彩调至浅蓝色，根据透视关系，添加至正视图的凹槽处。

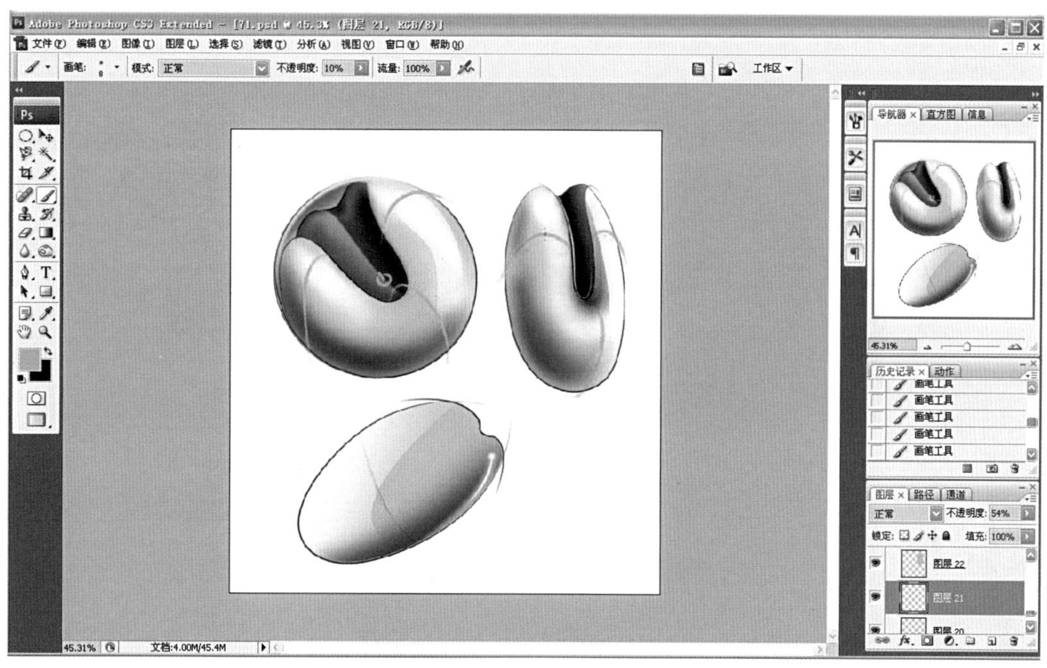

步骤 13 在各个视图中，使用画笔工具，调整至较细的笔型，用浅蓝色绘制结构线，注意用笔要干净利落，不要拖泥带水。

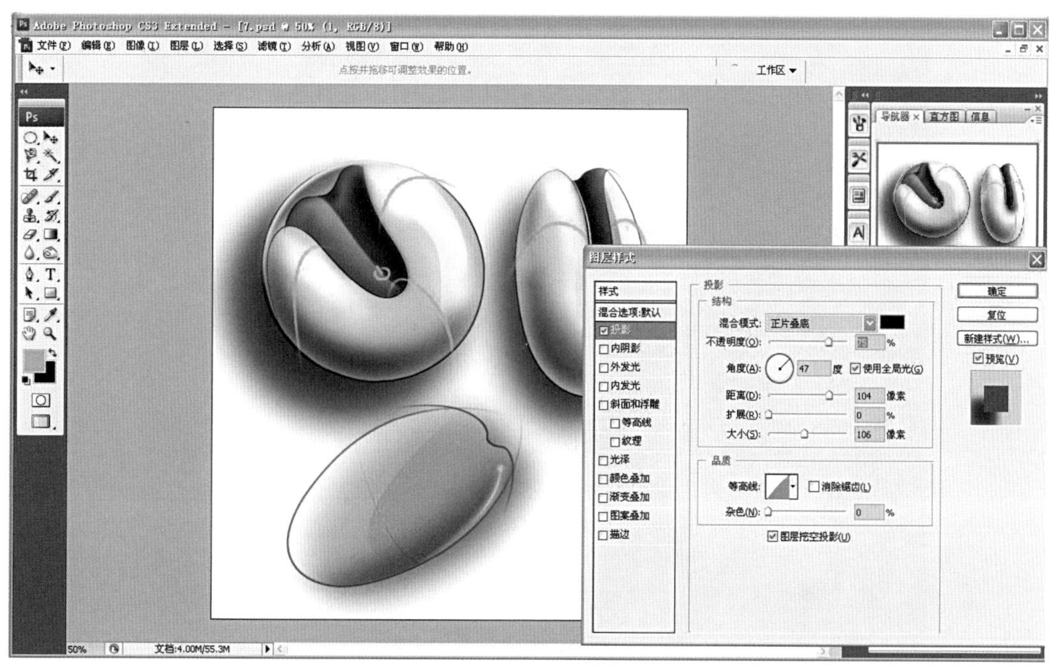

步骤 14 使用混合选项/投影工具，选择正片叠底方式，添加各个视图整体投影，使效果显得更加真实。

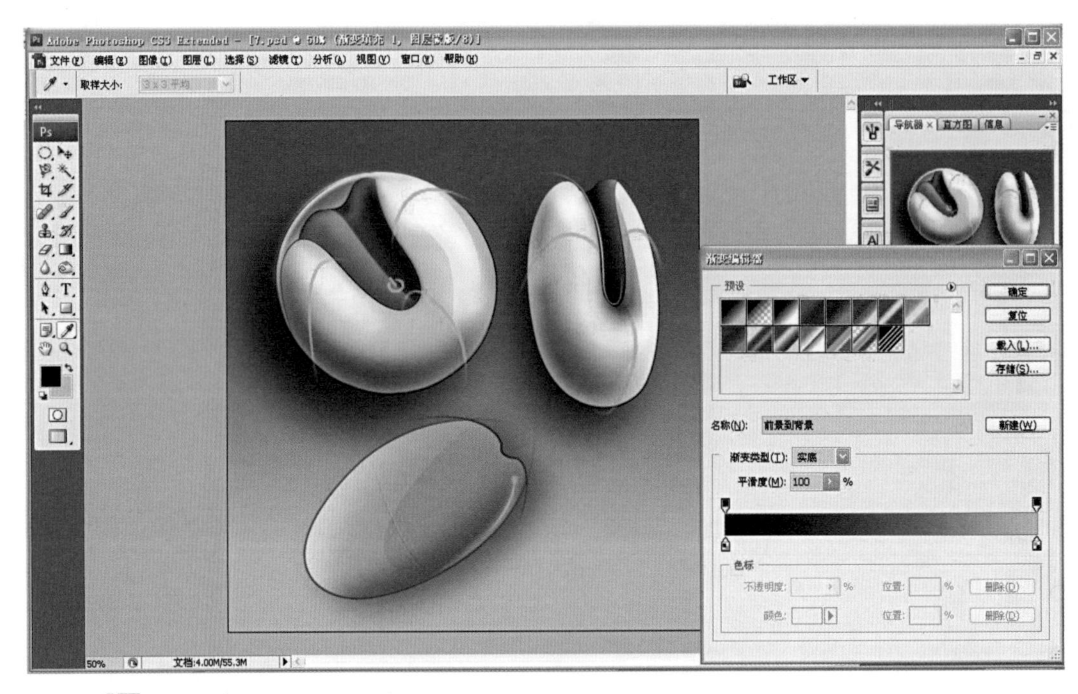

步骤 15 添加背景图层，使用渐变工具，为整个画面添加背景。

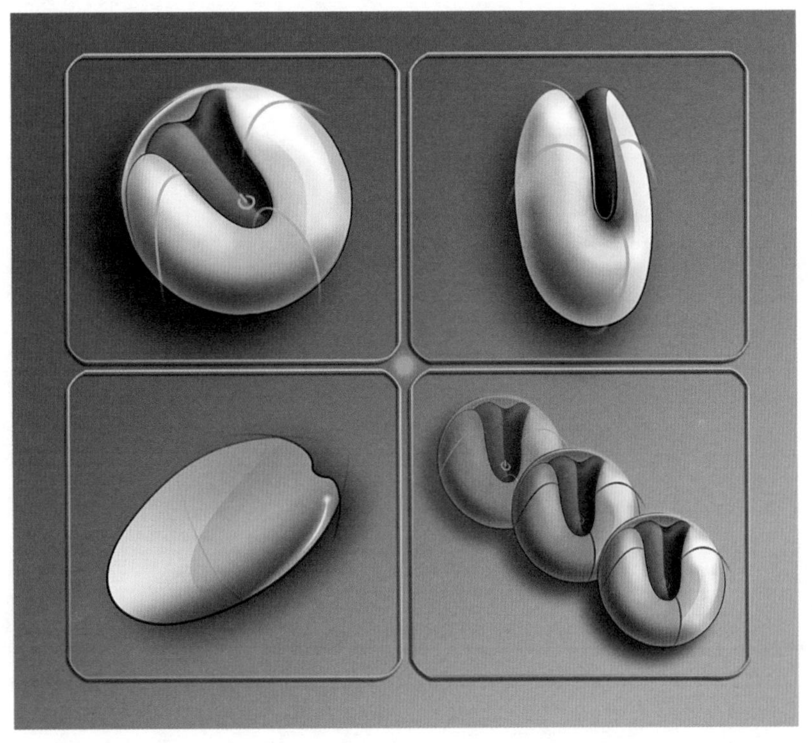

步骤 16 将顶视图绘制好的图形进行复制，调整色彩，产生其他的色彩方案。绘制图框，将每一单体放入图框中。

4.1.6 电脑表现技法——加湿器（Photoshop）

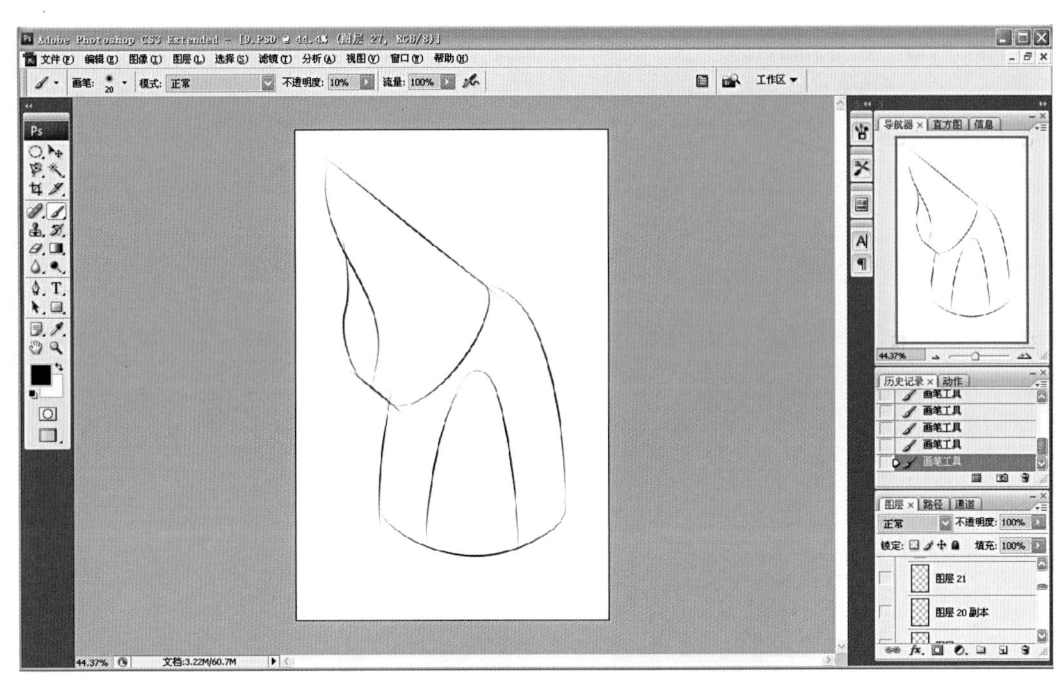

步骤 1 绘制线稿。线稿可采用扫描方式导入Photoshop，或使用数位板直接在电脑上进行勾勒。注意体面转折，线条要流畅。

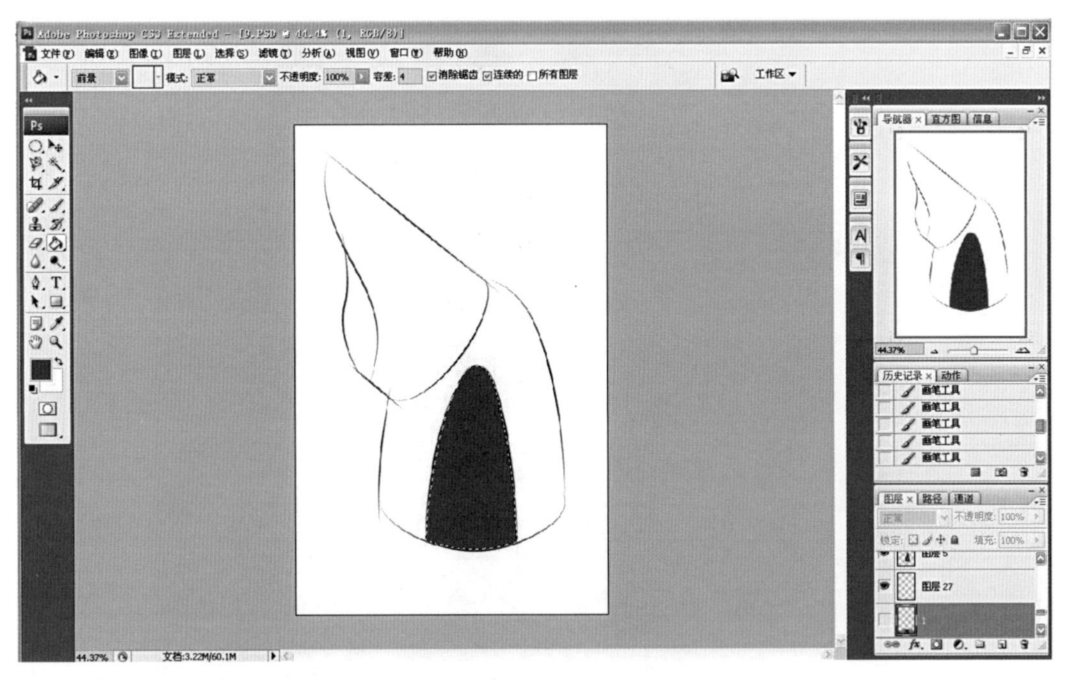

步骤 2 建立新图层，将要上色的区域进行勾勒，填充蓝色。

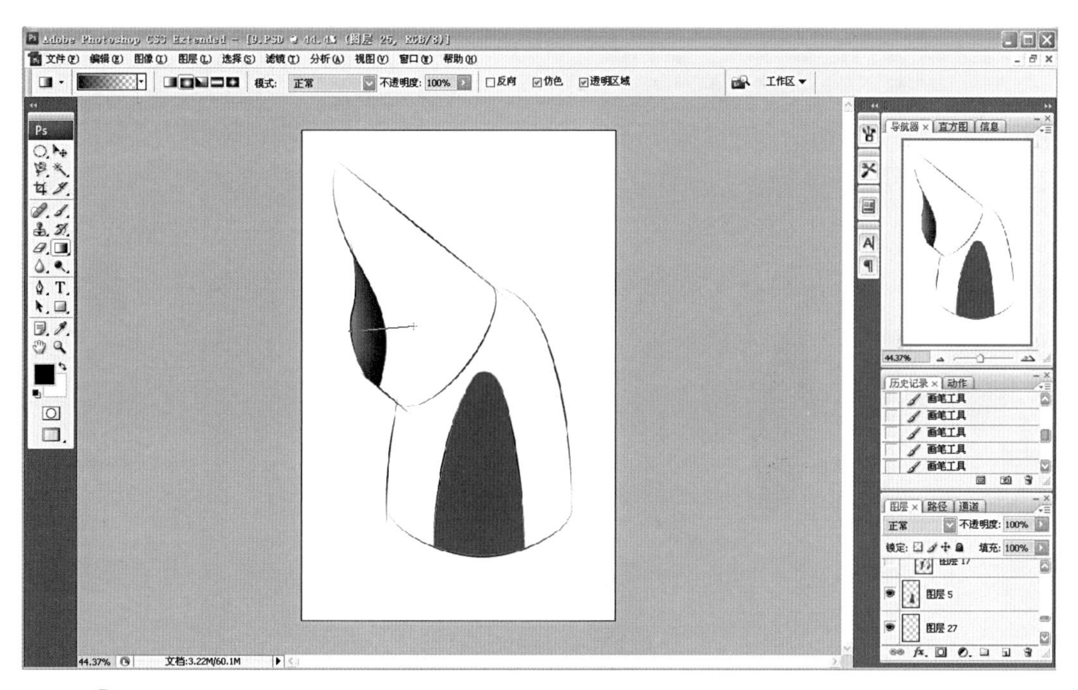

步骤 3 建立新图层，将喷口的区域进行勾勒，选择渐变工具，表现出喷口的空间关系。

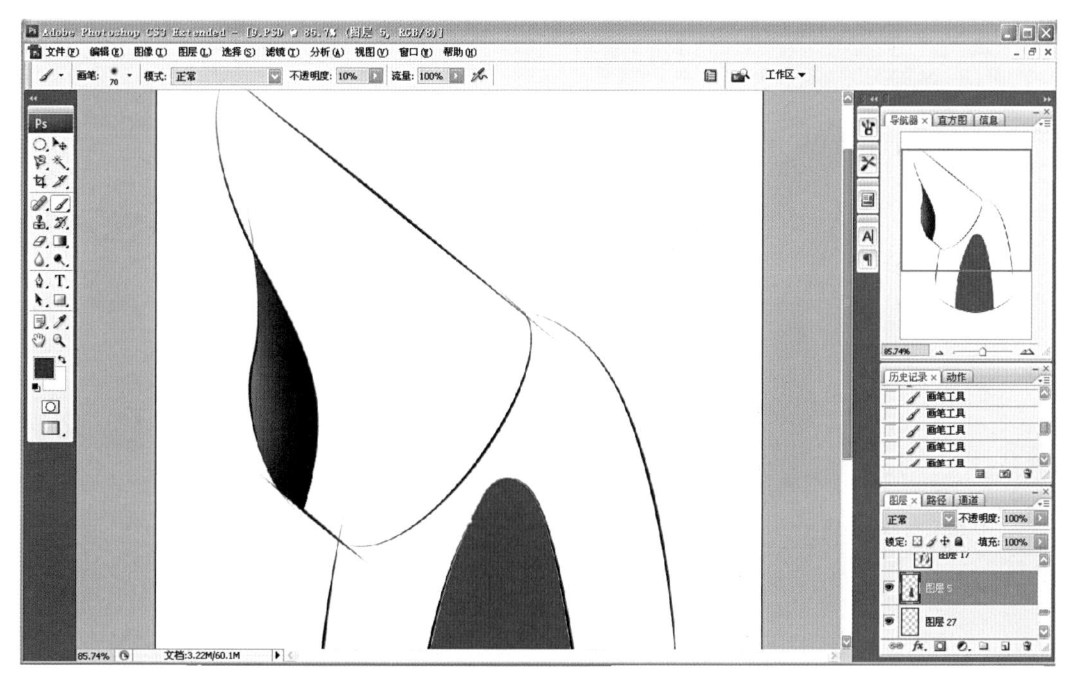

步骤 4 建立新图层，使用画笔工具，将喷口处绘制成深蓝色。

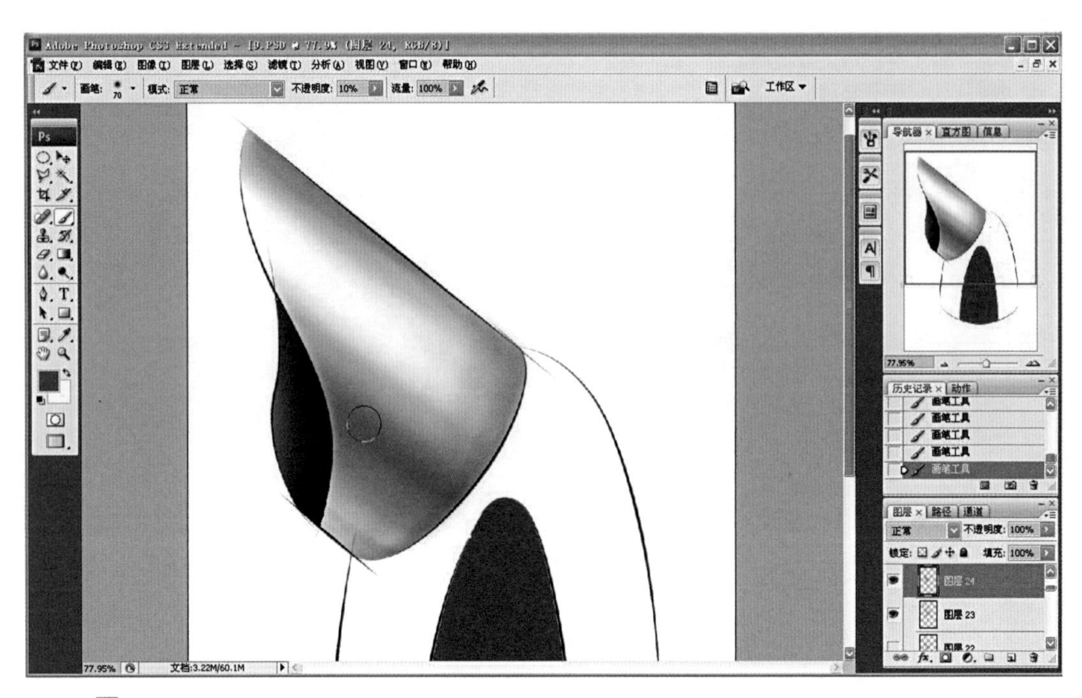

步骤 5 使用画笔工具，描绘出明暗交界线，用柔角画笔柔和地进行过渡。

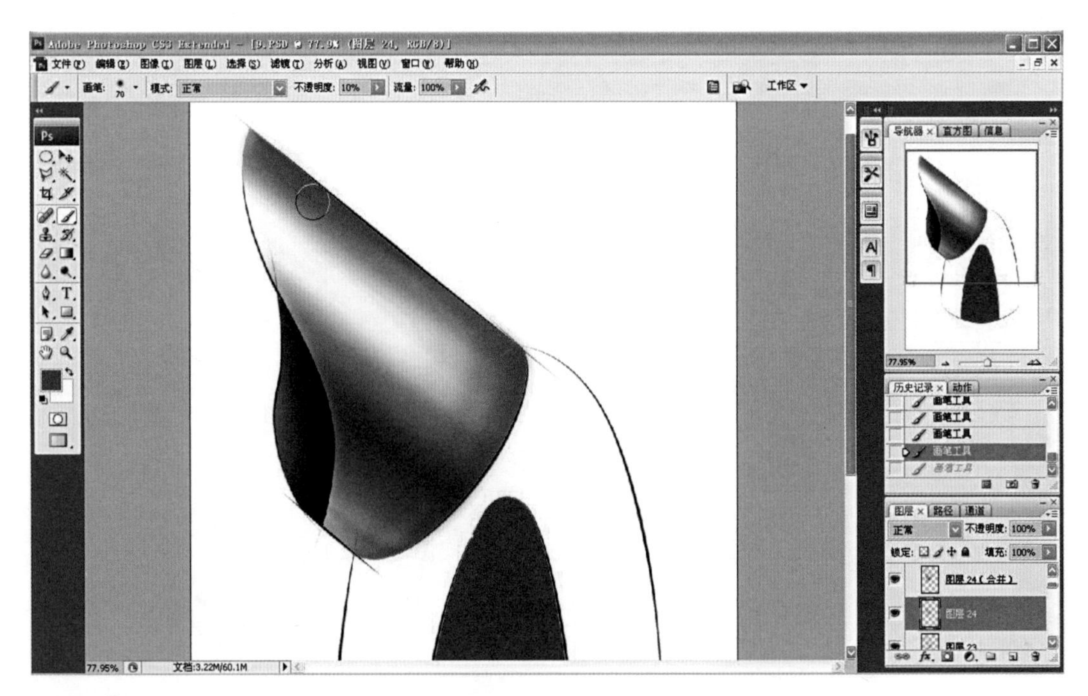

步骤 6 继续上一步骤，加深明暗交界线，增强形体的立体感和空间感。

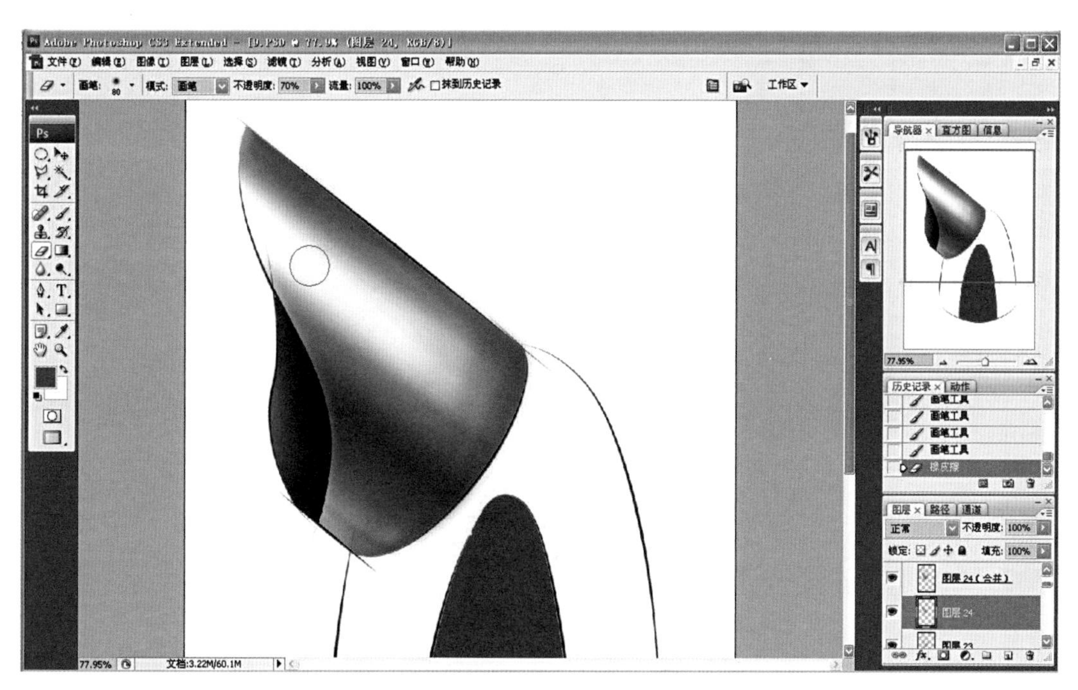

步骤 7　使用橡皮擦工具进一步提亮受光部，增强产品的材料质感，加强明暗对比。

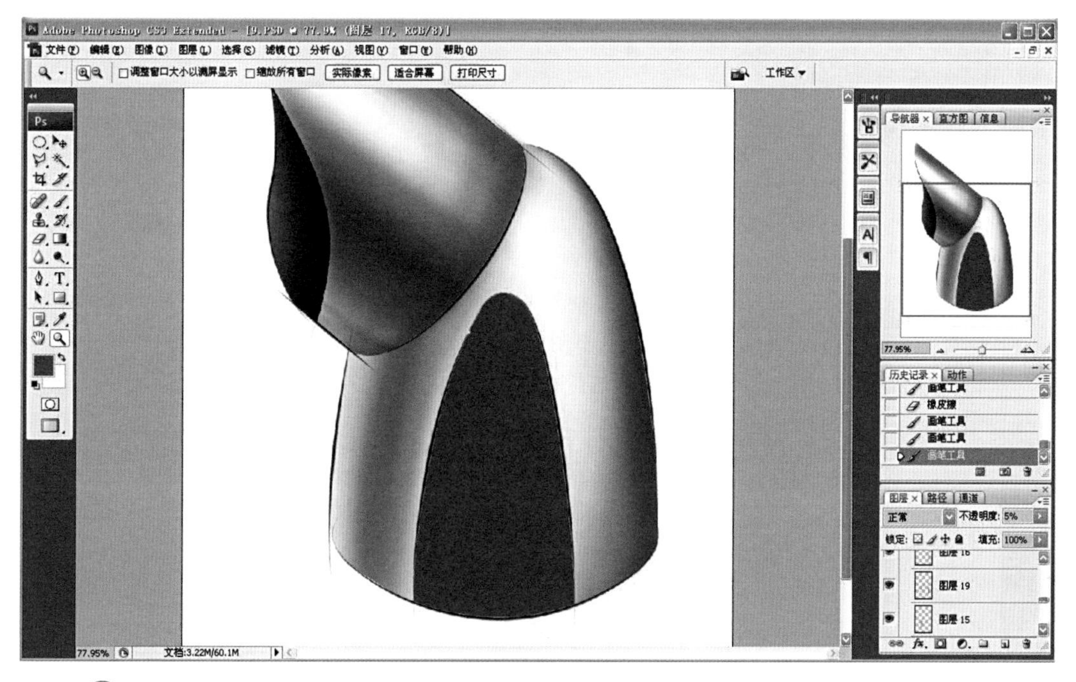

步骤 8　选择画笔工具，绘制机身的明暗交界线，使用蓝灰色表现金属质感。

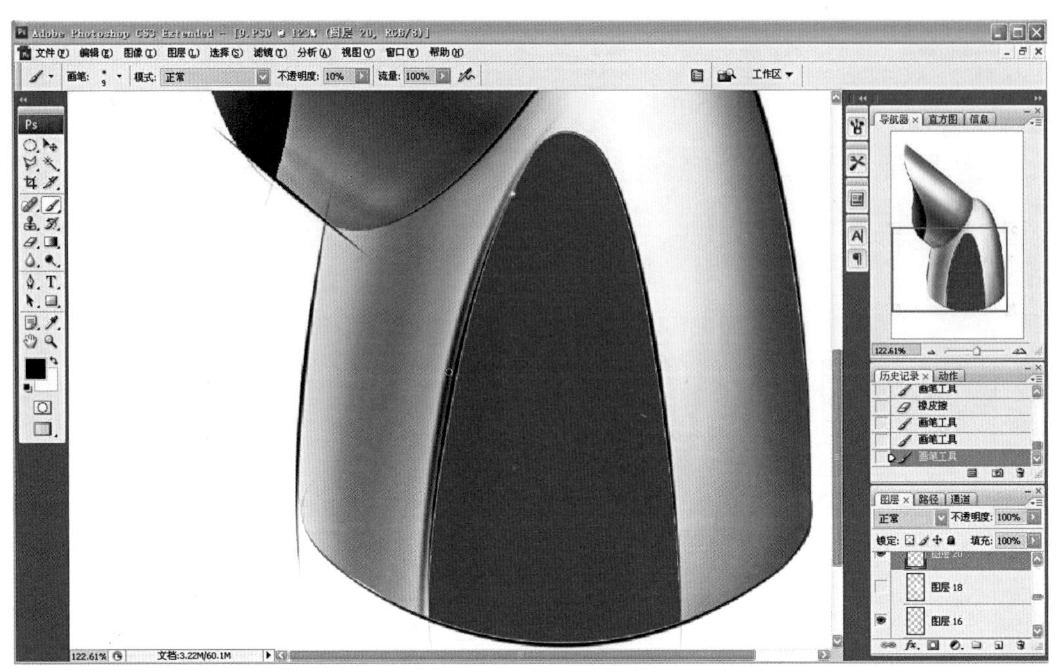

步骤 9 继续上一步骤，加强机身的体积感，调节画笔至较细笔型，在边缘处用黑色表现出机身的厚度，并用白色绘出细节部分的高光和反光。

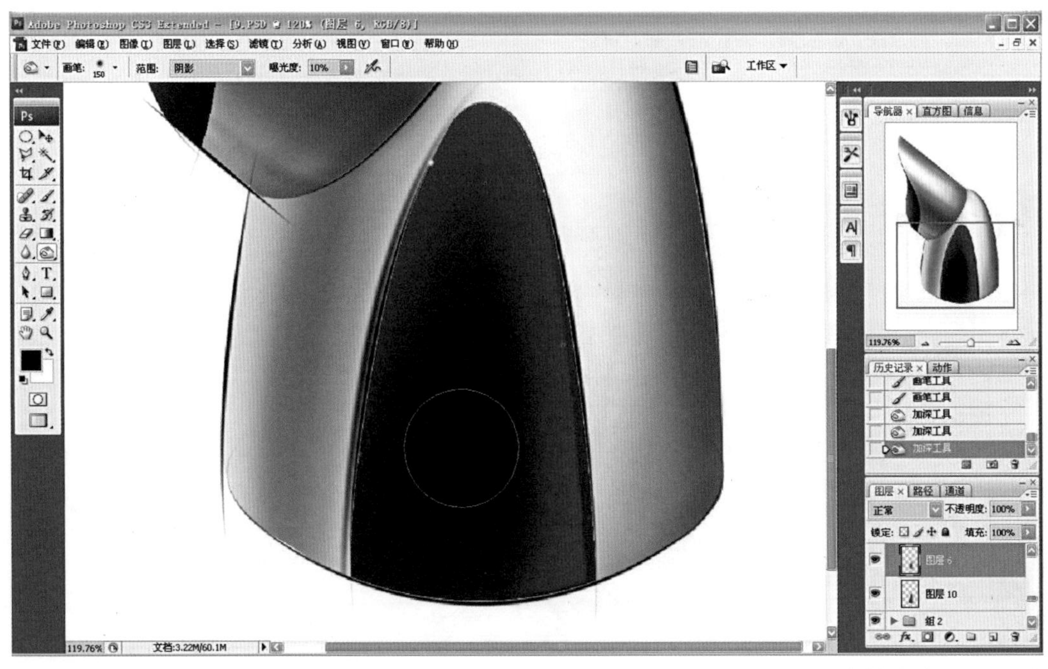

步骤 10 选择加深工具，在蓝色液晶部分中间处用加深工具，并根据形体特点进行柔和的过渡。

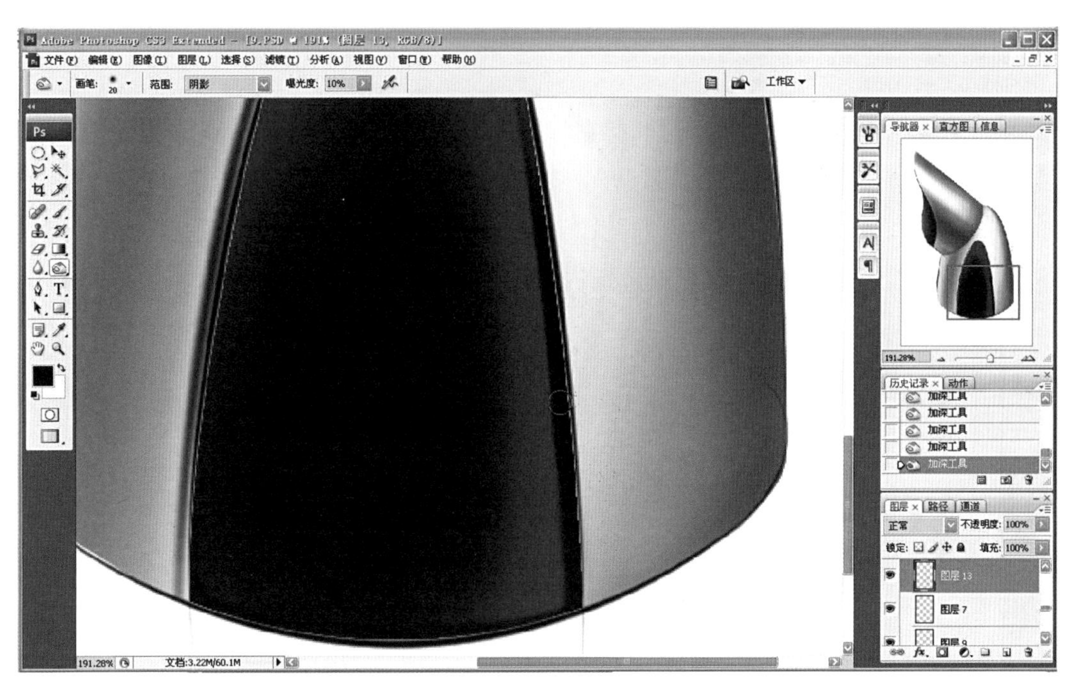

步骤 11 继续上一步骤，选择加深工具，将蓝色液晶部分边缘加深，加强体积感。

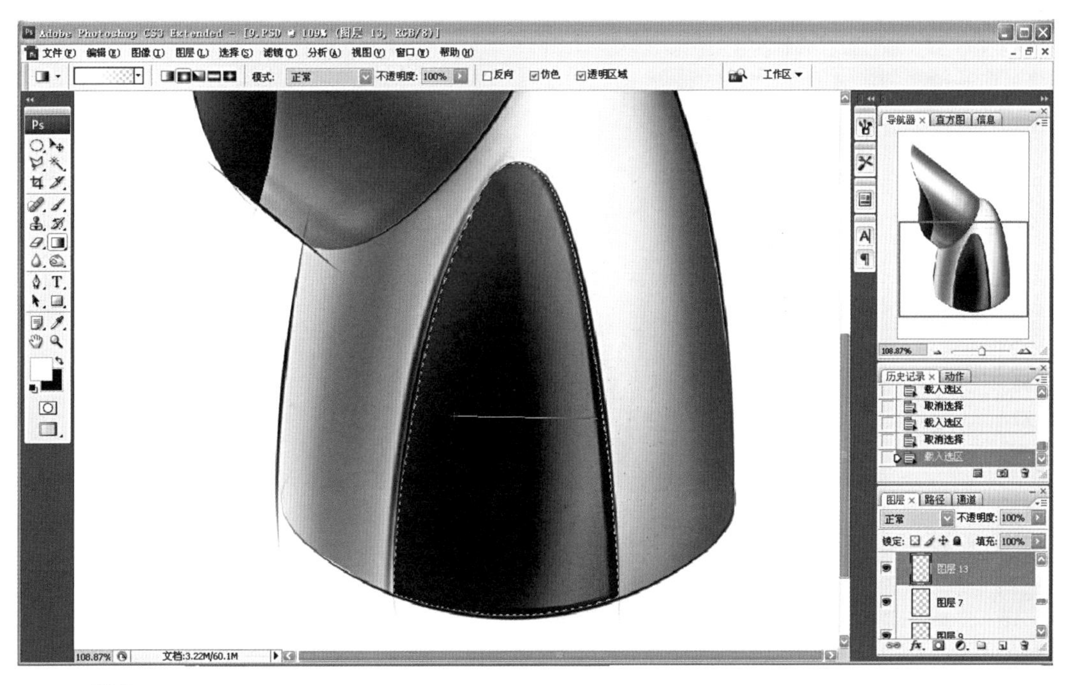

步骤 12 建立选区，选择渐变工具，表现蓝色液晶部分的受光部。

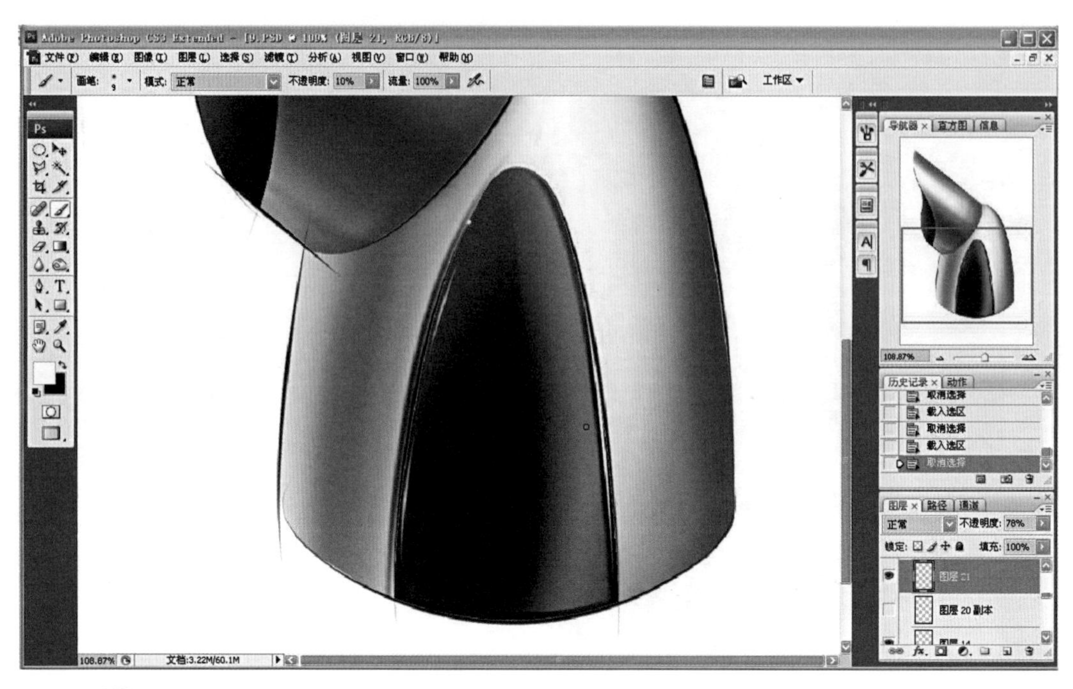

步骤 13 选择画笔工具，调节画笔至较细笔型，使用白色画笔绘制高光。

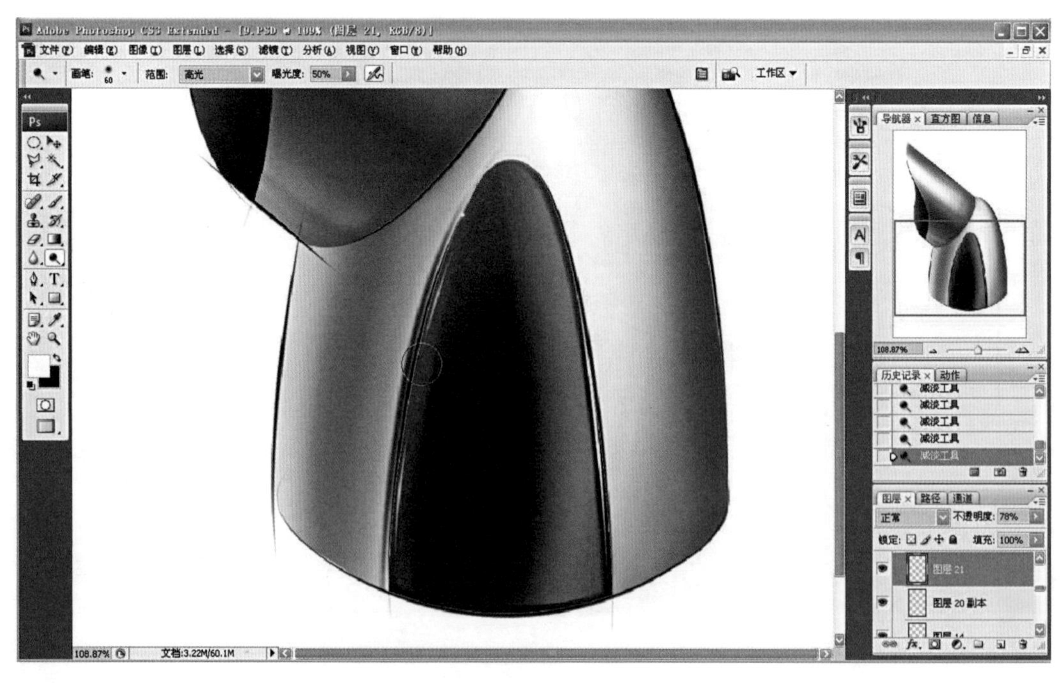

步骤 14 选择减淡工具，调节画笔至适当笔型，将边缘进行提亮。

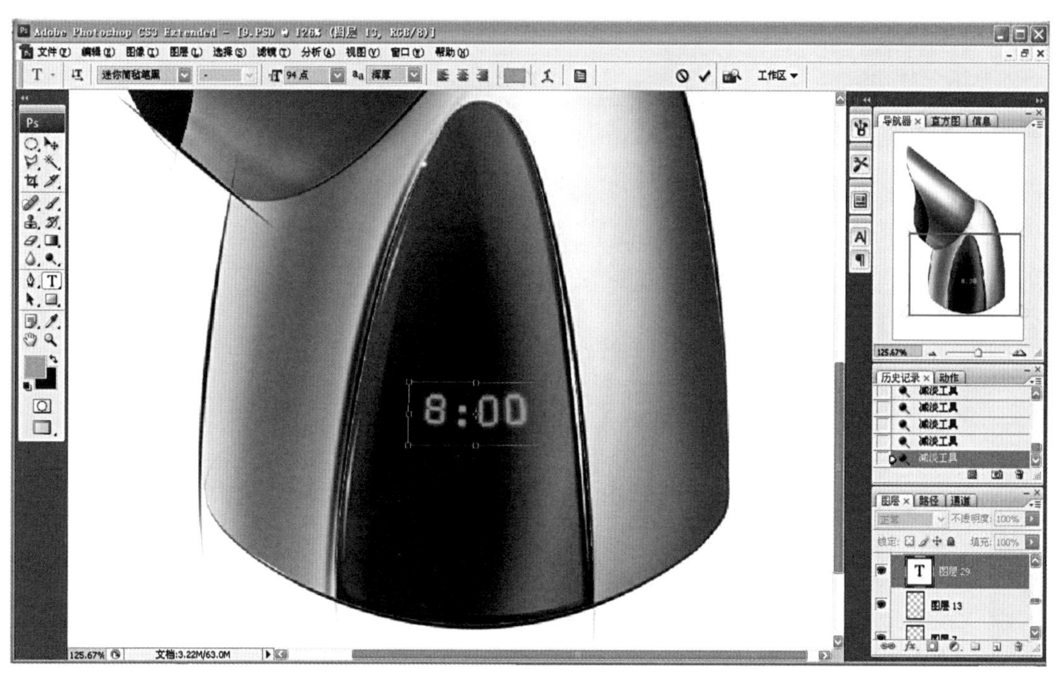

步骤 15 选择一张数字的图片，将色彩调制浅蓝色，根据透视关系，添加至蓝色液晶部分。

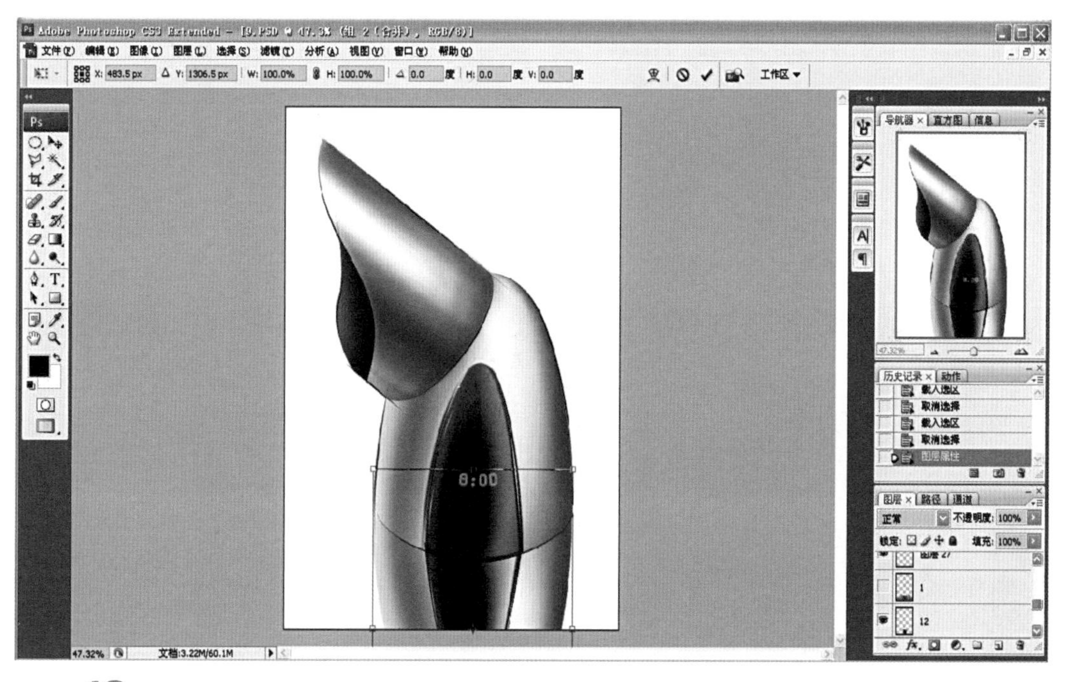

步骤 16 选择产品主体部分，复制并镜像翻转图像，表现出倒影效果。

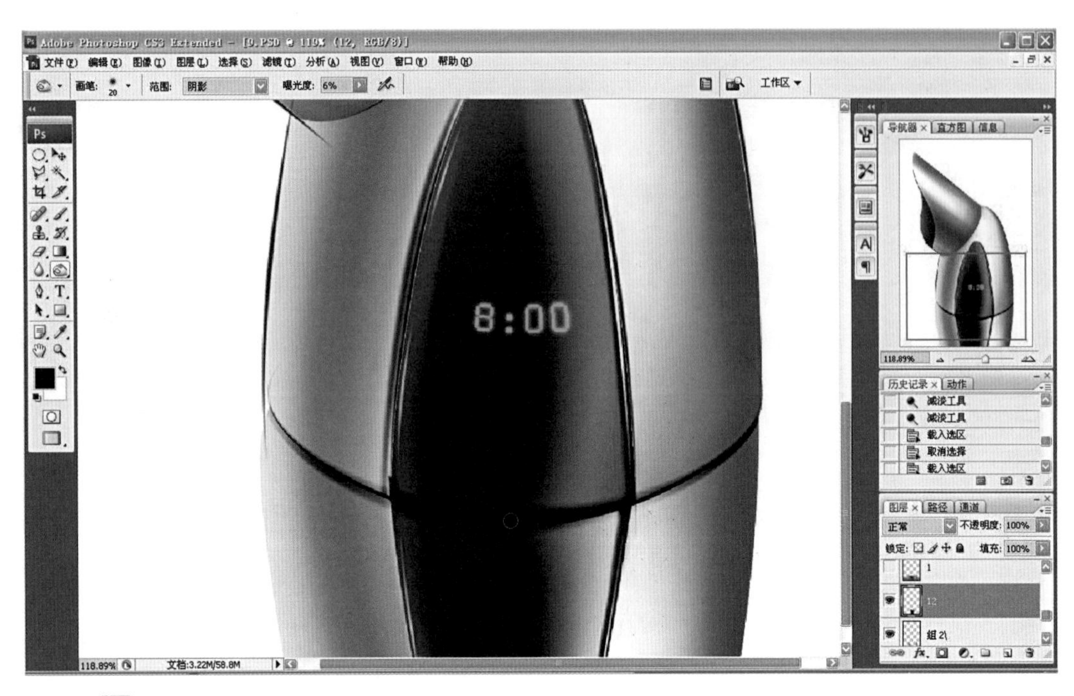

步骤 **17** 选择加深工具，绘制底边阴影部分。

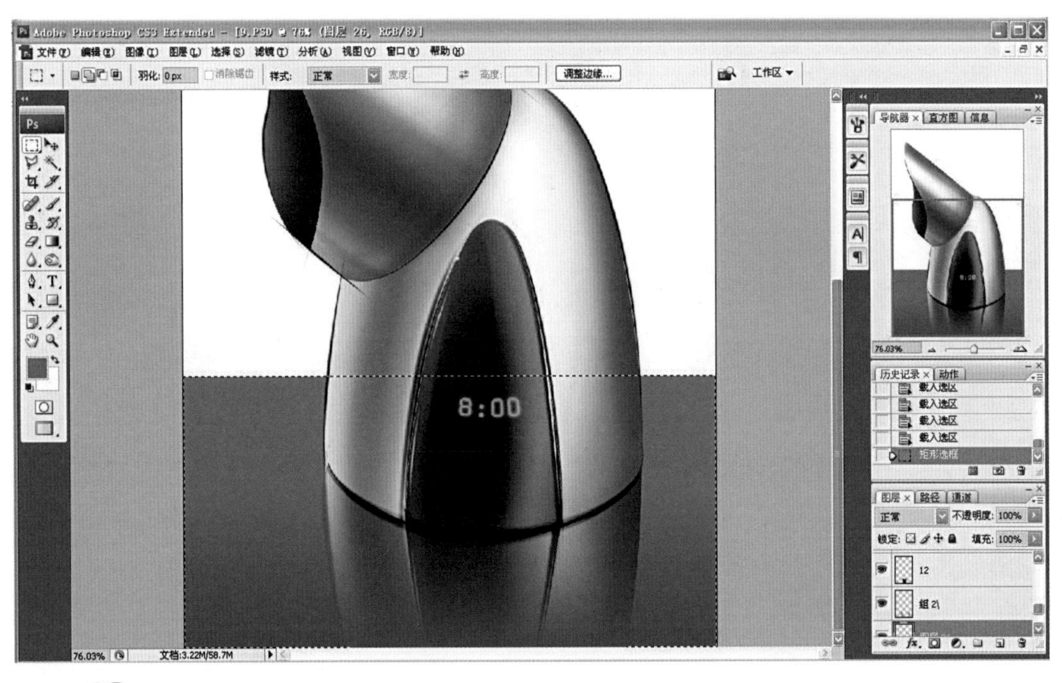

步骤 **18** 添加背景图层，使用渐变工具，为整个画面添加背景。

4.1.7 电脑表现技法——室内环境监测仪（Photoshop）

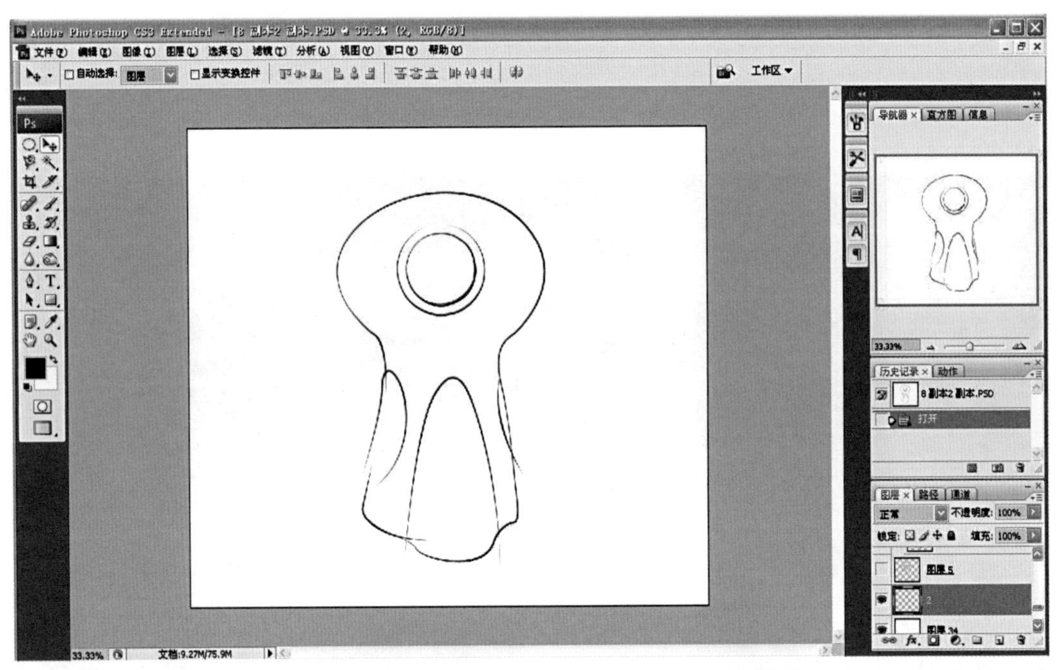

步骤 1 绘制线稿。线稿可采用扫描方式导入Photoshop，或使用数位板直接在电脑上进行勾勒。注意体面转折，线条要流畅。

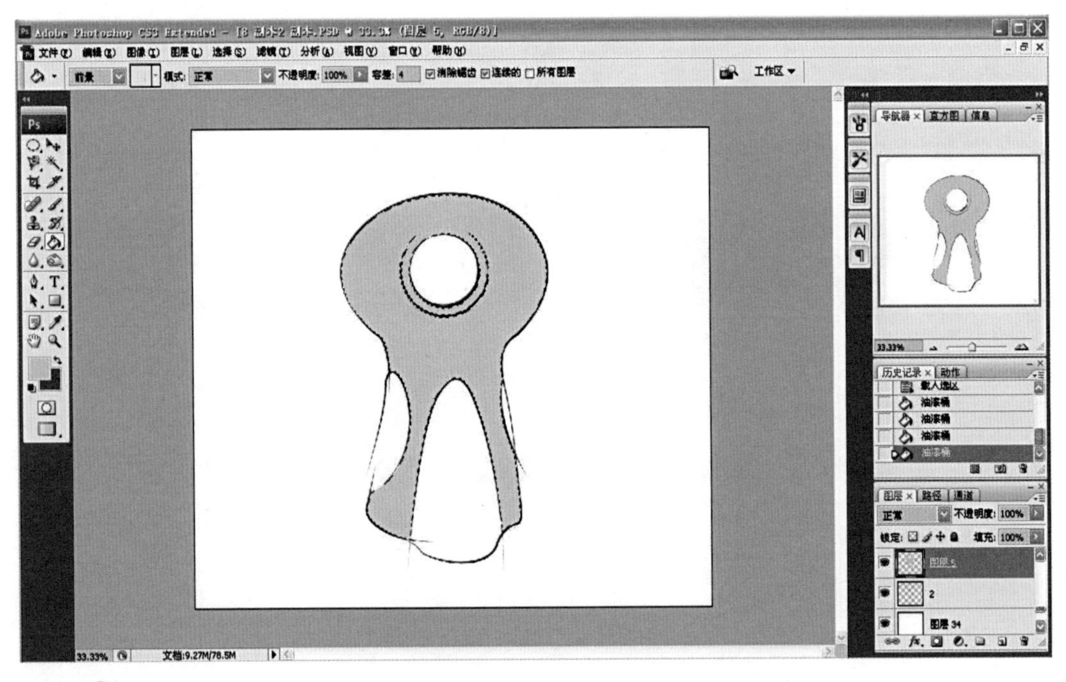

步骤 2 建立新图层，将要上色的区域进行勾勒，填充灰色。

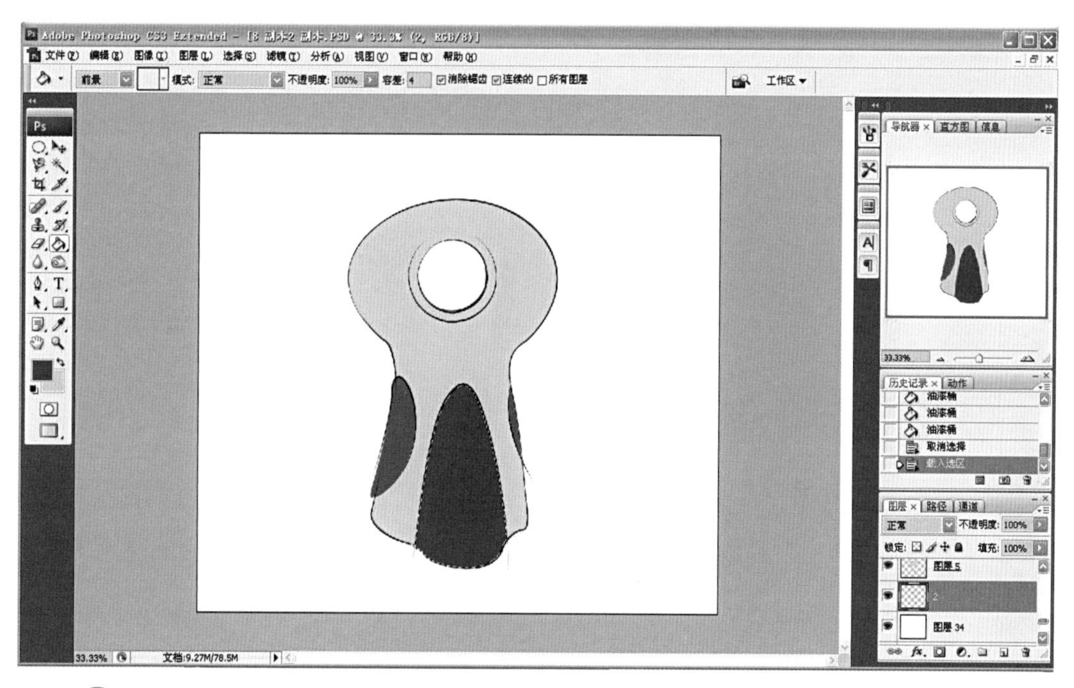

步骤 3 建立新图层，将要上色的区域进行勾勒，填充所需基本颜色。

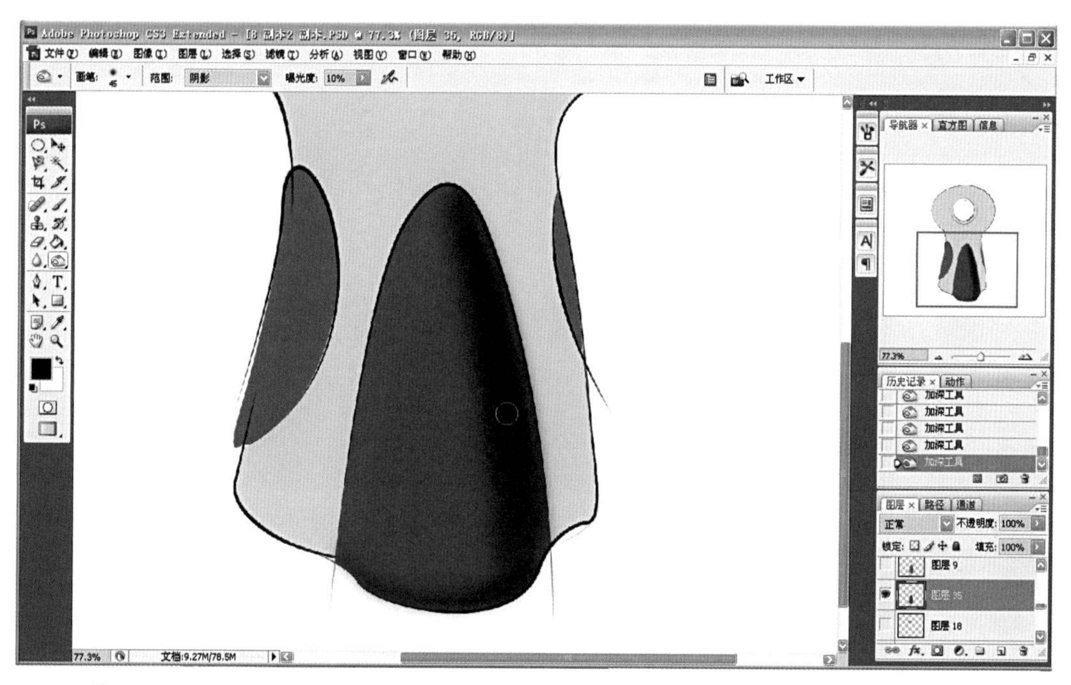

步骤 4 选择加深工具，将正面颜色暗部加深，表现出光线的照射方向，增强体积感。

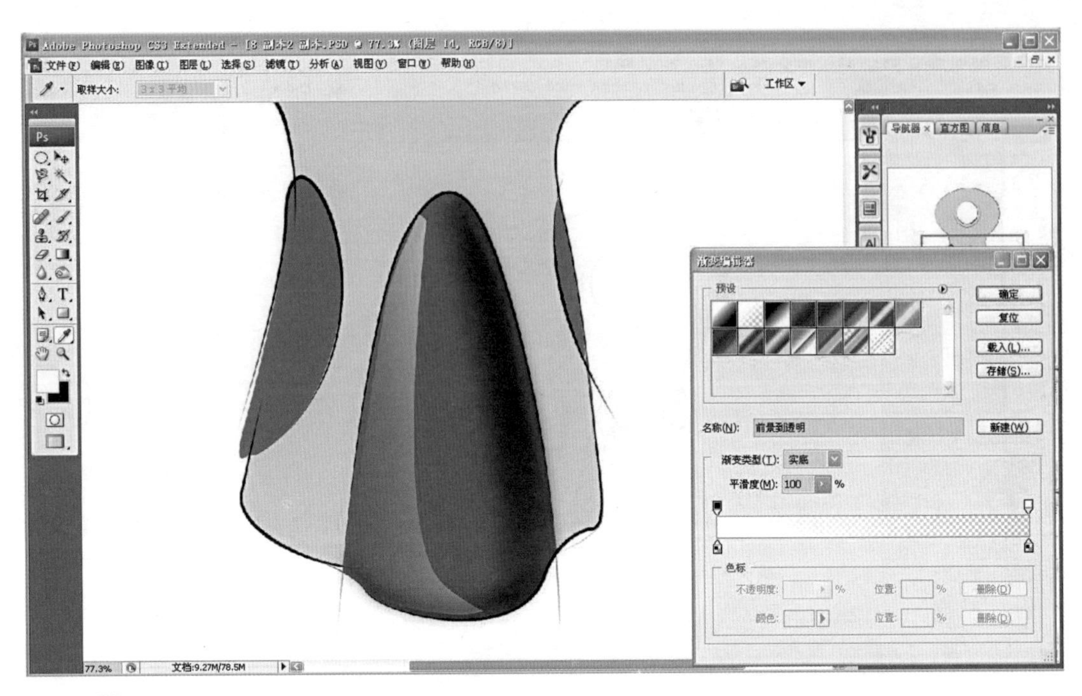

步骤 5 选择渐变工具，对受光部进行表现。注意控制受光部的深浅变化。

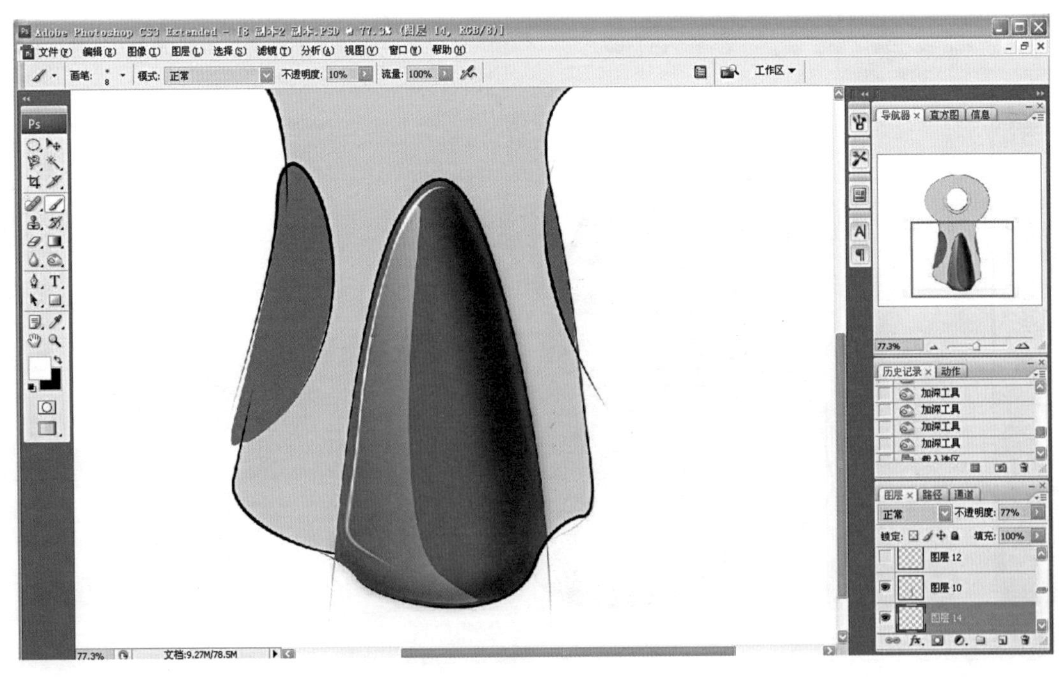

步骤 6 选择画笔工具，调节画笔至较细笔型，使用白色画笔绘制高光。

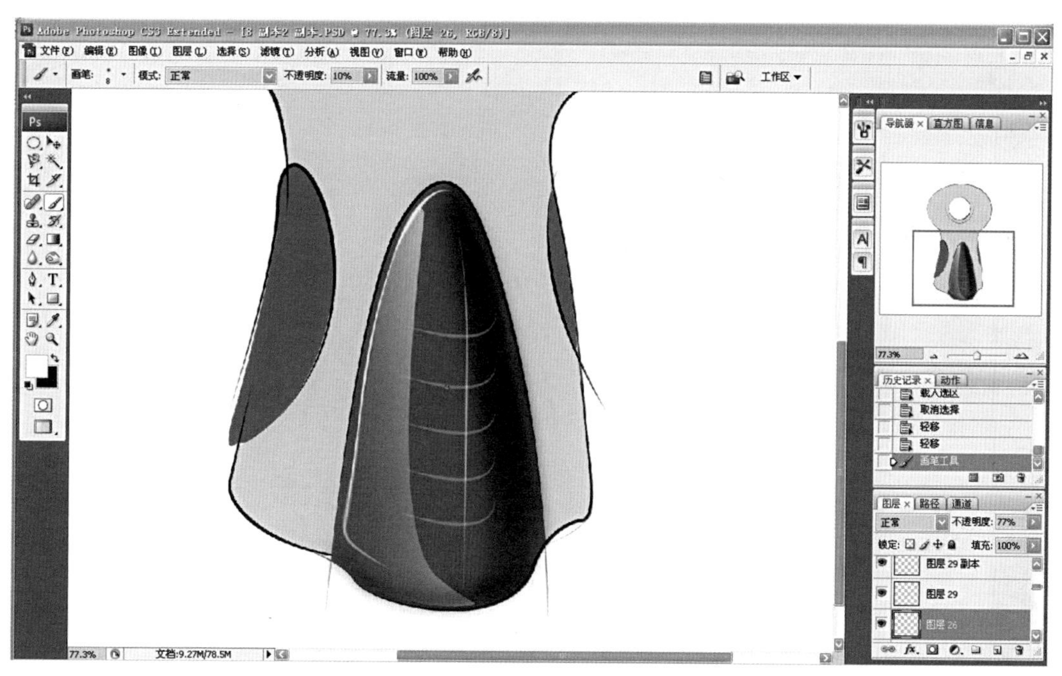

步骤 7 选择画笔工具，调节画笔至较细笔型，使用白色画笔绘制细节，过程中注意透视和线条在形体上的变化。

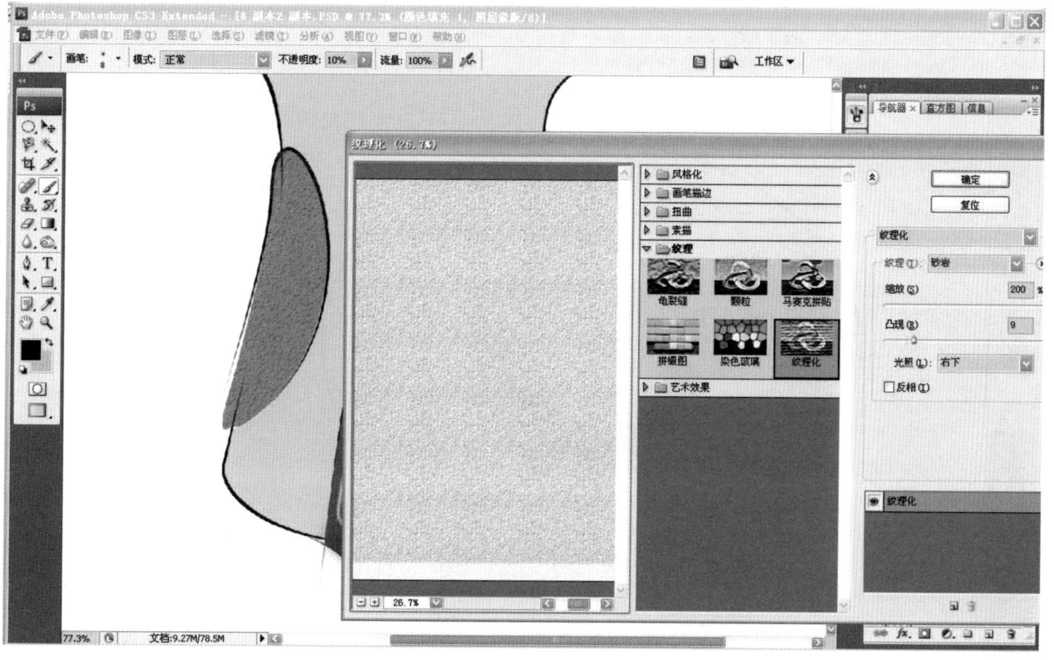

步骤 8 选择灰色区域的部分，使用滤镜选项中的纹理/纹理化选项，添加材质，使画面显得丰富。

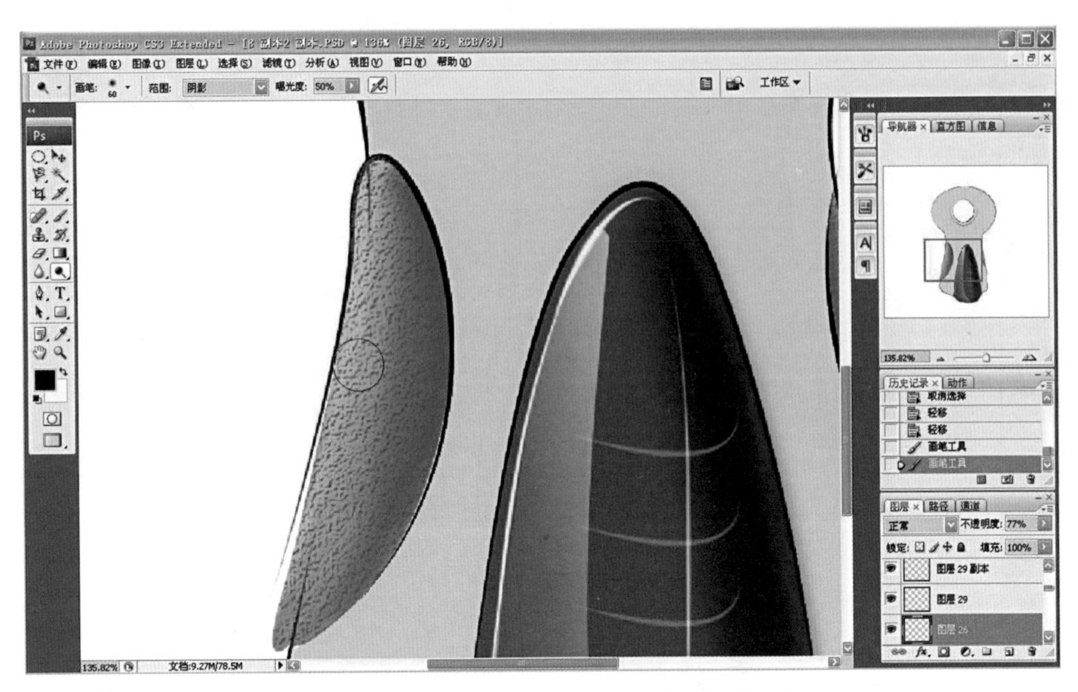

步骤 9 选择减淡工具，绘制灰色区域的受光部，表现出造型的体积感。

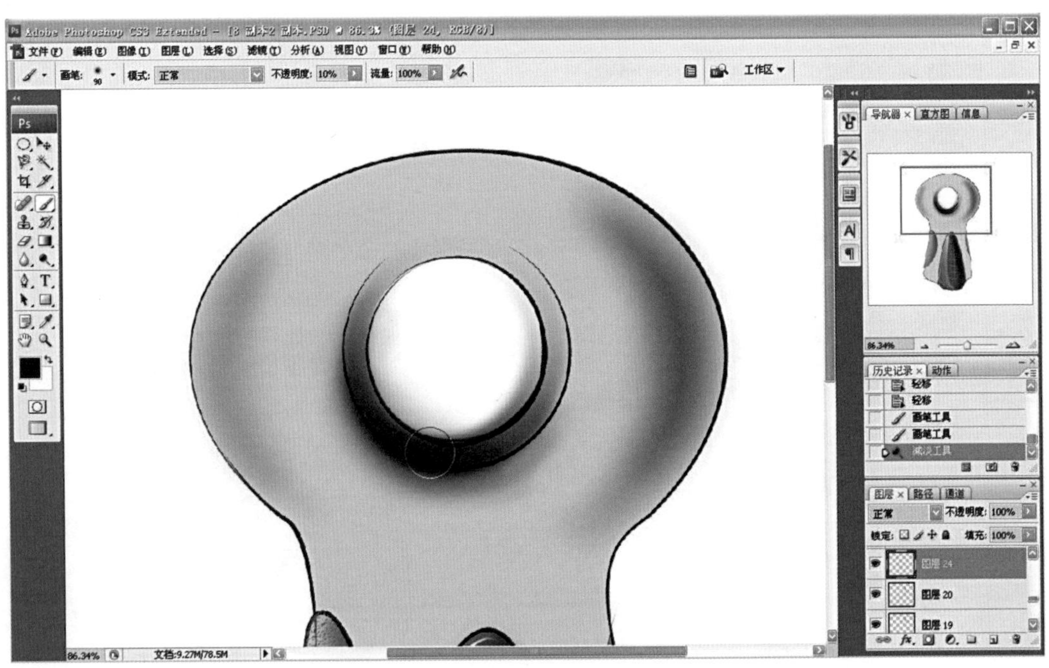

步骤 10 选择画笔工具，使用黑色绘制顶部的凹槽处。深灰色描绘暗部，表现出造型的体积感。

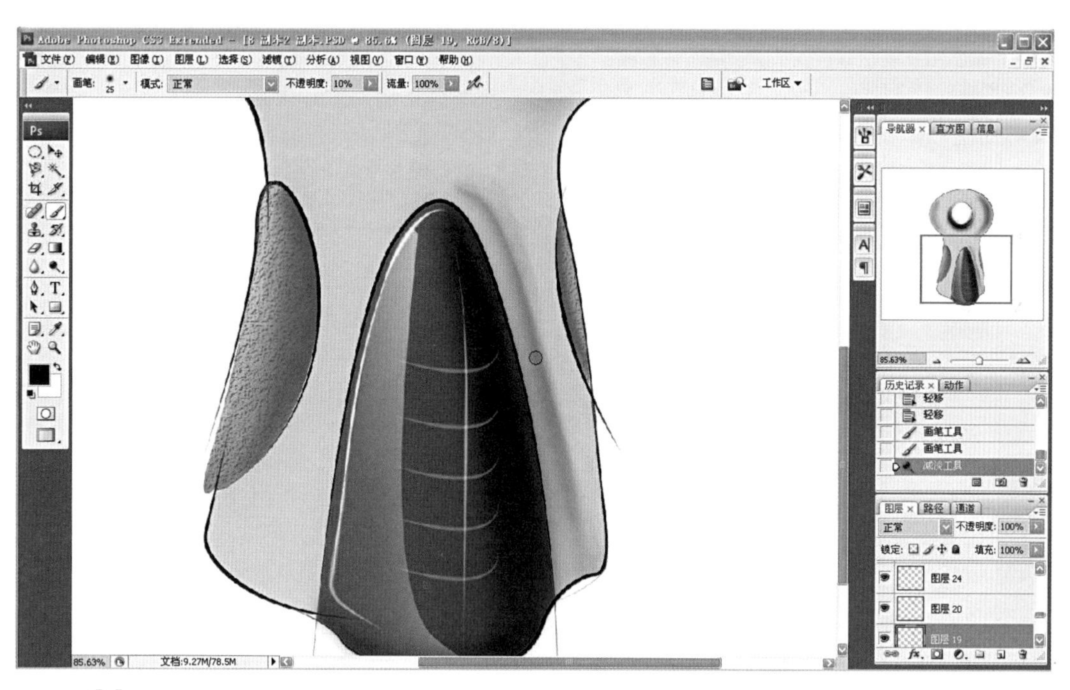

步骤 11 选择画笔工具，使用黑色绘制边缘的凸起，表现造型的特点。

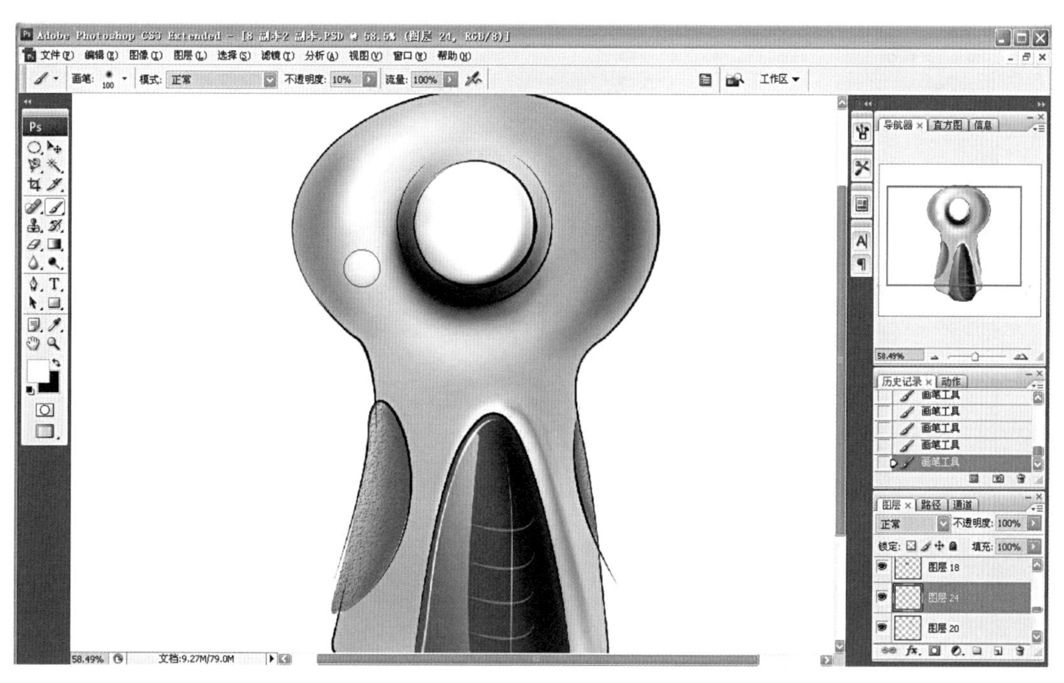

步骤 12 选择画笔工具，使用白色绘制受光部区域，过渡的部分要柔和。

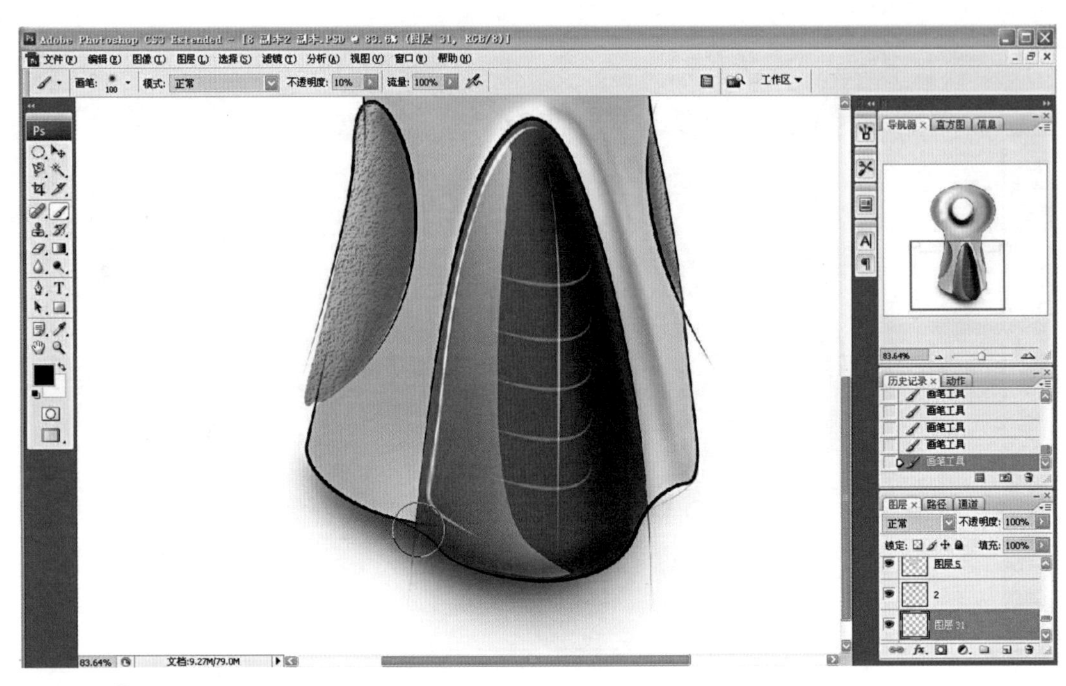

步骤 13 选择画笔工具，使用黑色绘制投影部分。

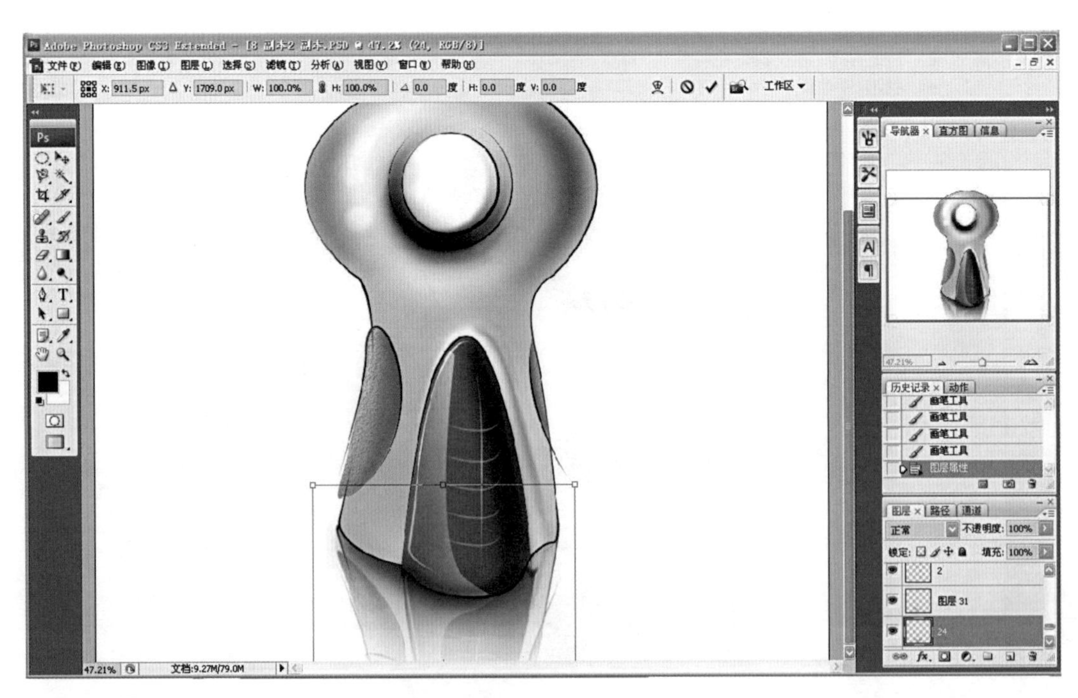

步骤 14 复制产品机身，镜像翻转，表现倒影效果。

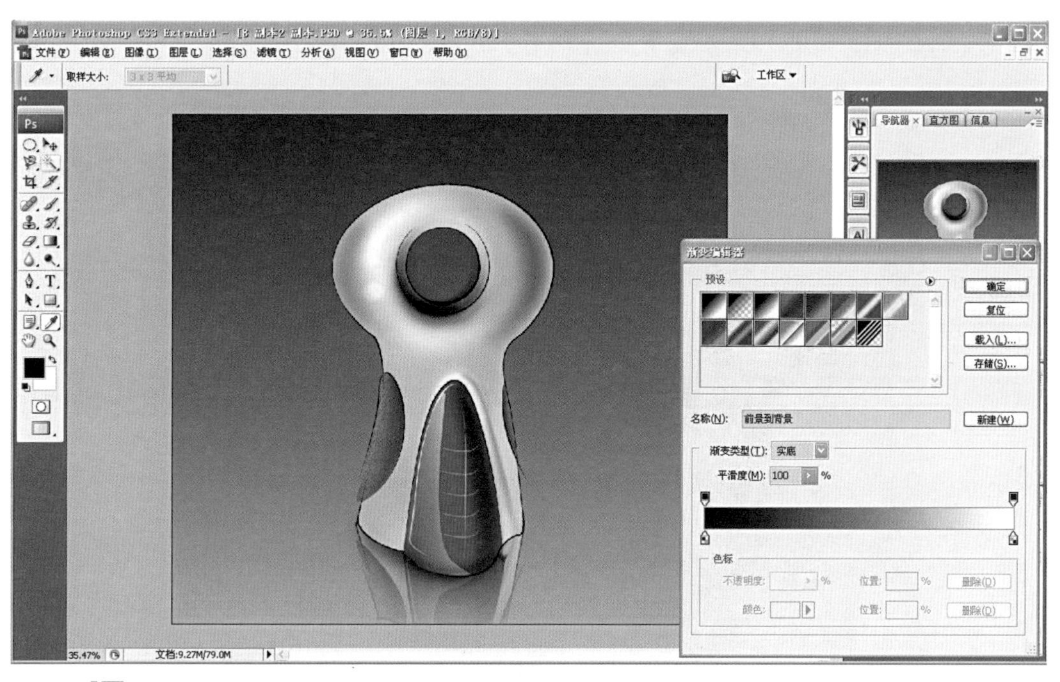

步骤 15 添加背景图层，使用渐变工具，为整个画面添加背景。

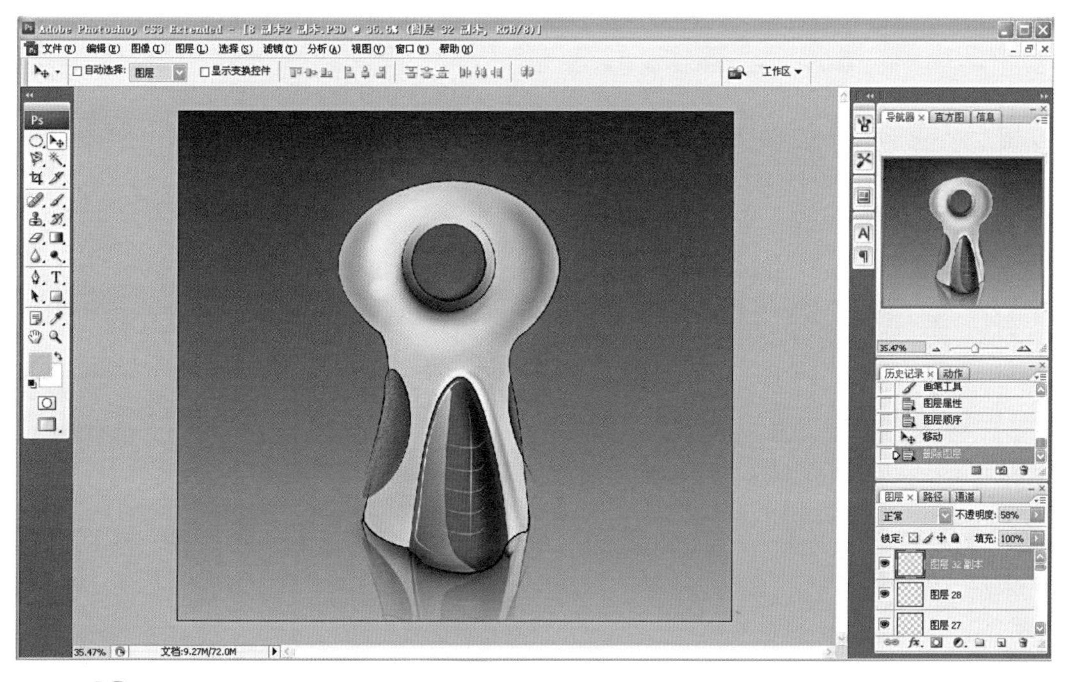

步骤 16 新建图层，选择画笔工具，绘制灯光效果，调节透明度并做模糊处理。

4.1.8 电脑表现技法——榨汁机（Photoshop）

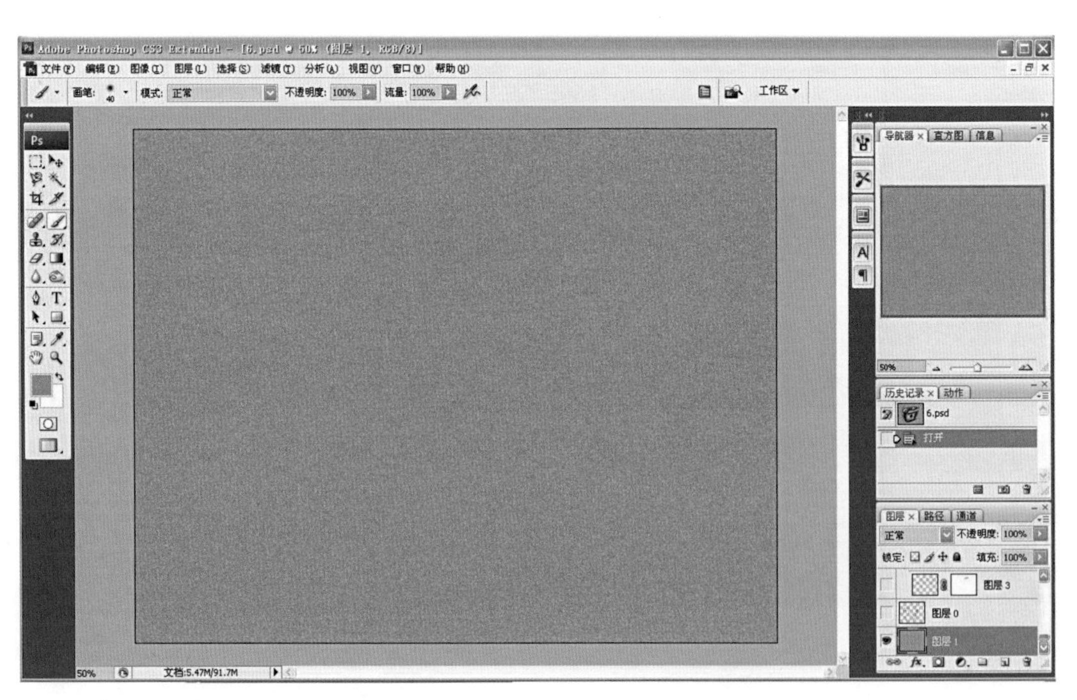

步骤 1 绘制背景，制作类似色纸的效果。

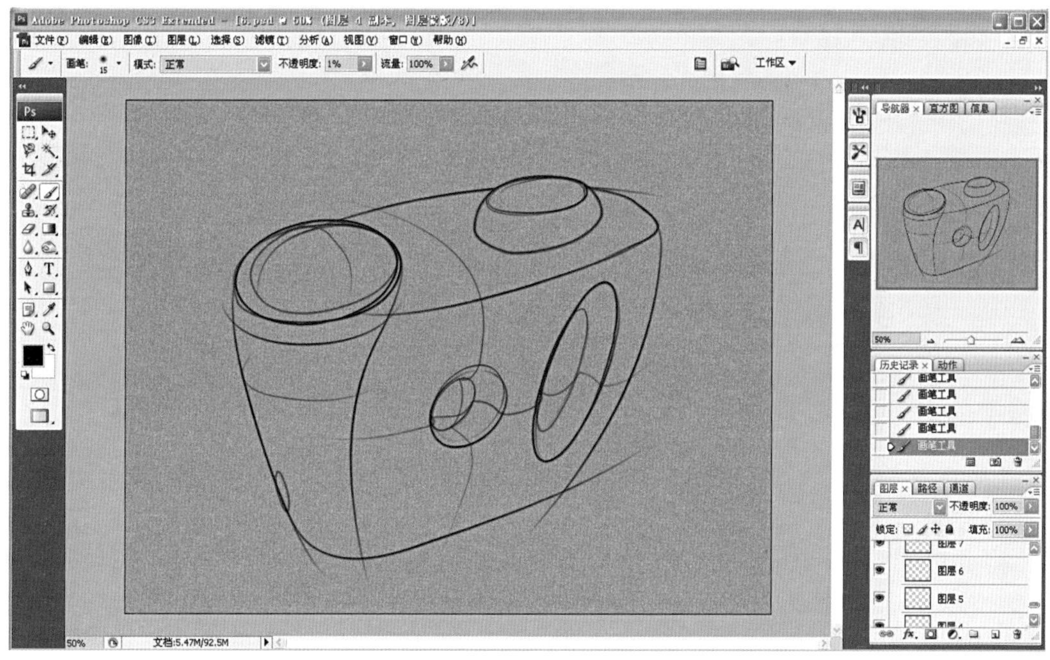

步骤 2　绘制线稿。线稿可采用扫描方式导入Photoshop，或使用数位板直接在电脑上进行勾勒。注意体面转折，线条要流畅。

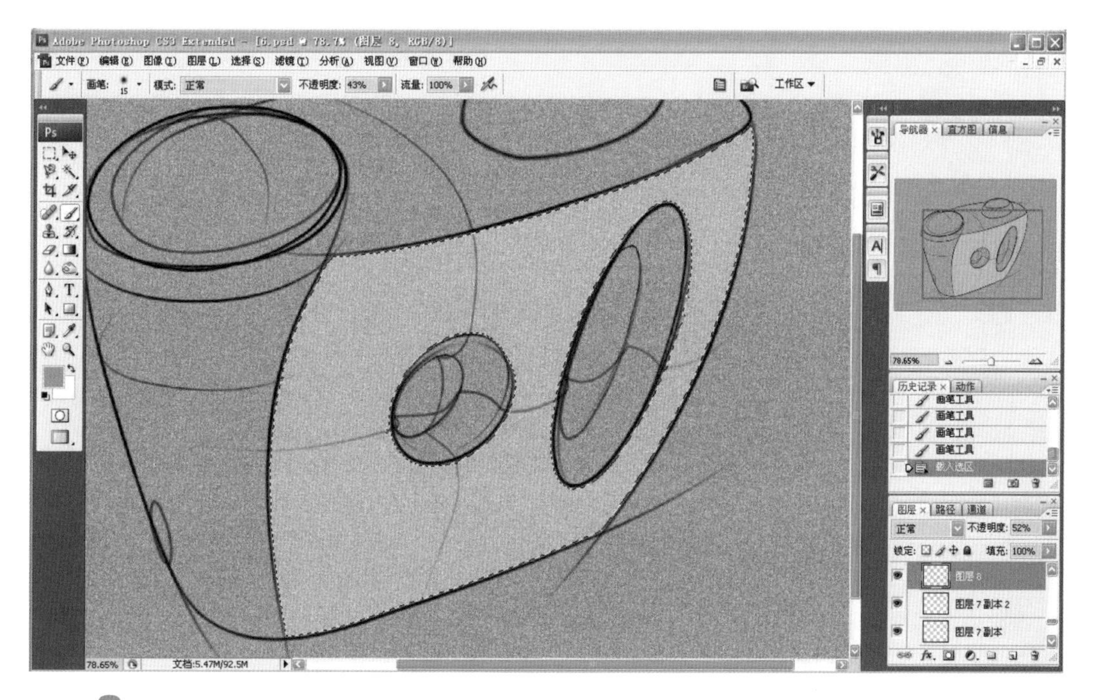

步骤 3　新建图层，将要上色的区域进行勾勒，填充基本色，调节透明度。

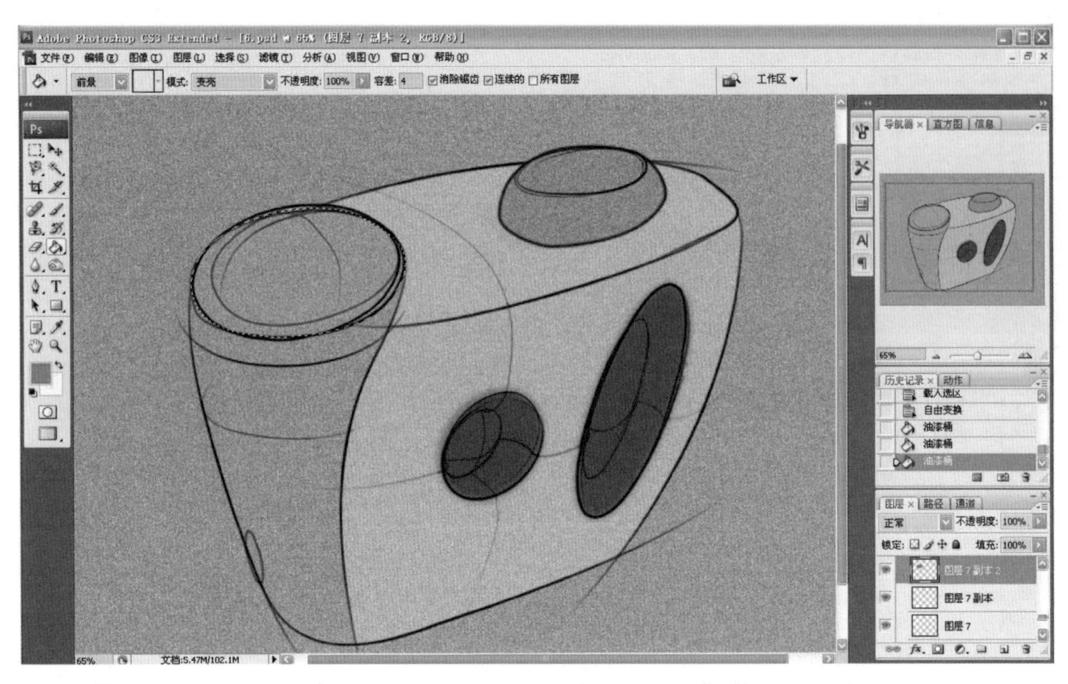

步骤 4 另新建图层，将要上色的其他区域进行勾勒，填充基本色，调节透明度。

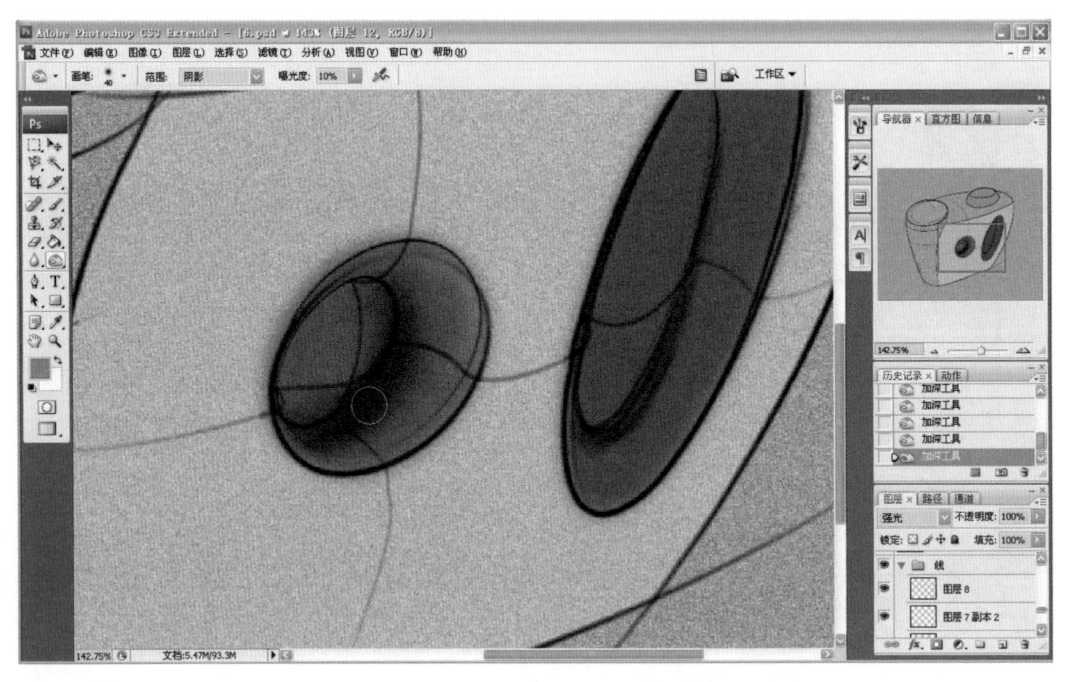

步骤 5 选择加深工具，描绘凹槽处的形体和空间。体现出产品造型的体积感。

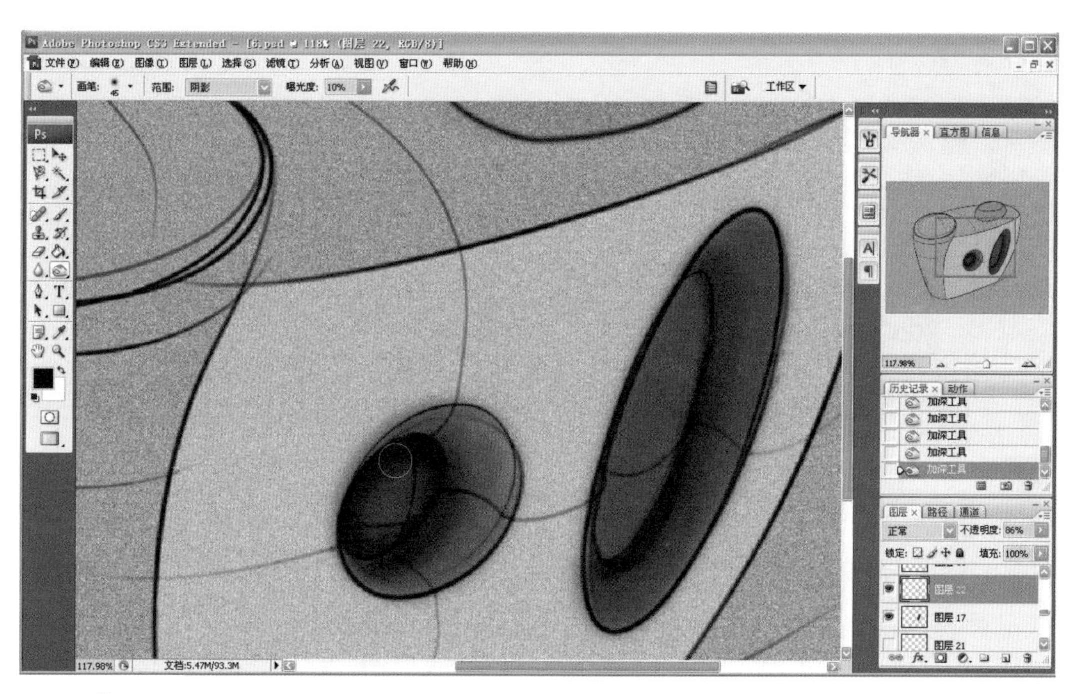

步骤 6　继续上一步骤，使用加深工具，深入描绘细节。

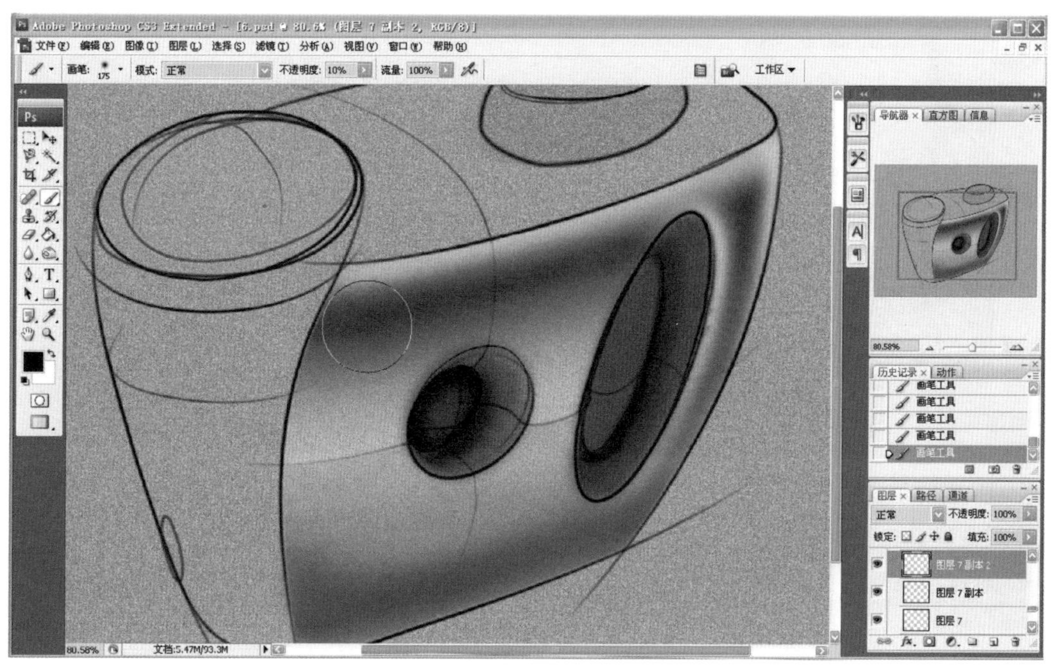

步骤 7　选择画笔工具，使用黑色绘制出产品面板的造型。过程中注意面板与凹槽之间的过渡关系。

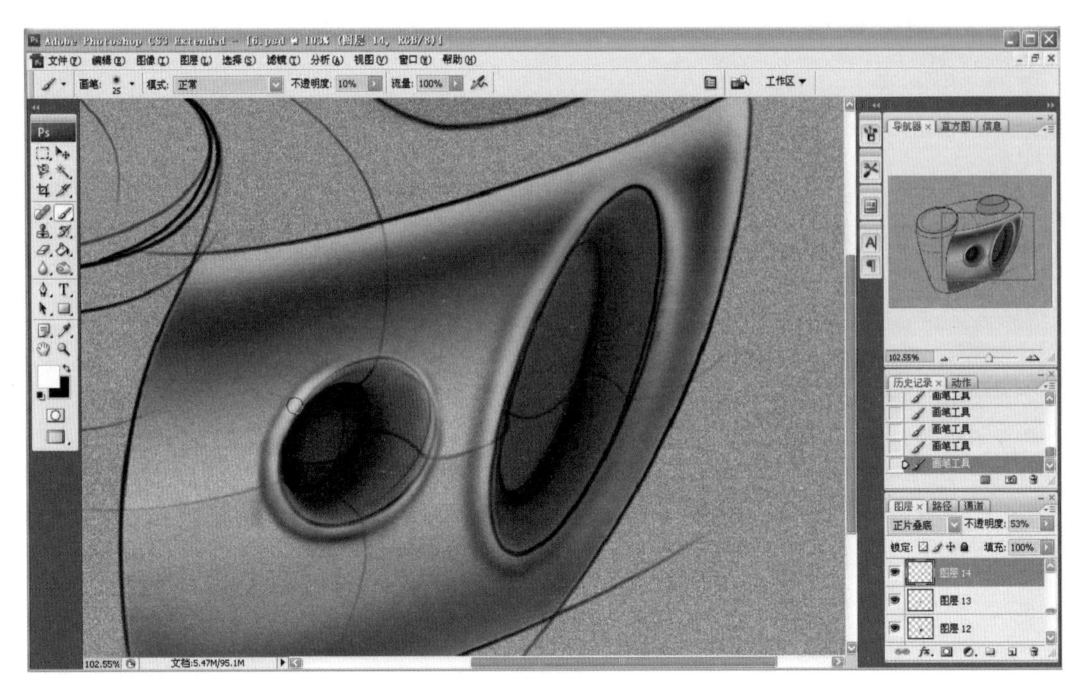

步骤 8 选择画笔工具，使用白色在凹槽边缘绘制暗部和受光部，并绘制出高光区域。

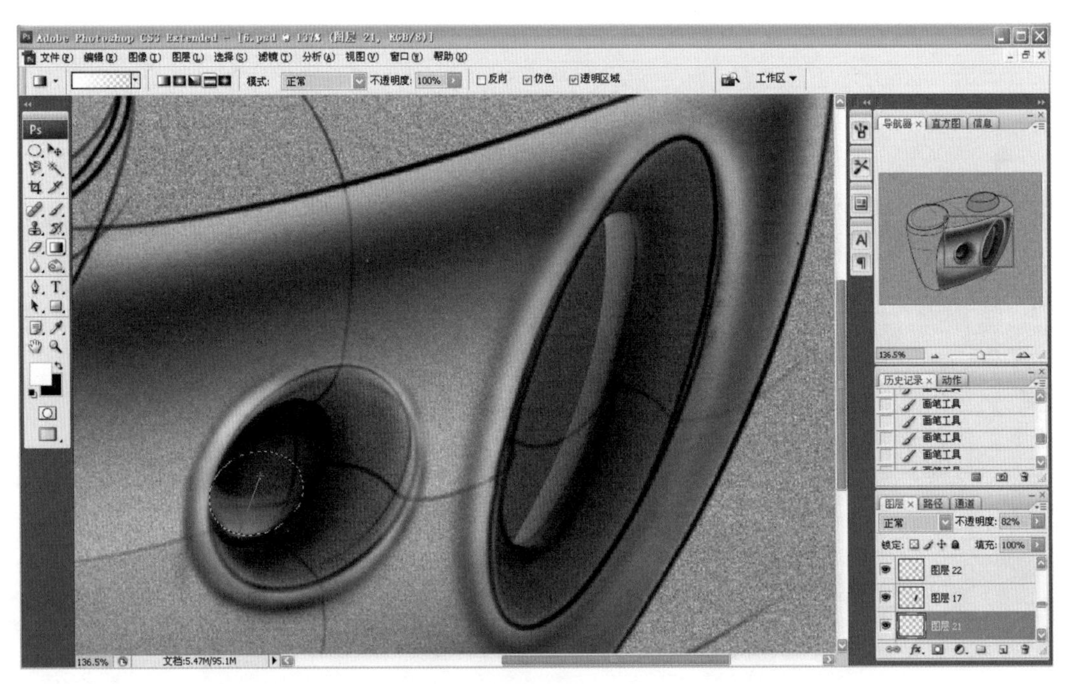

步骤 9 选择渐变工具，在圆形凹槽处绘制渐变效果，并调节透明度以表现出反光。

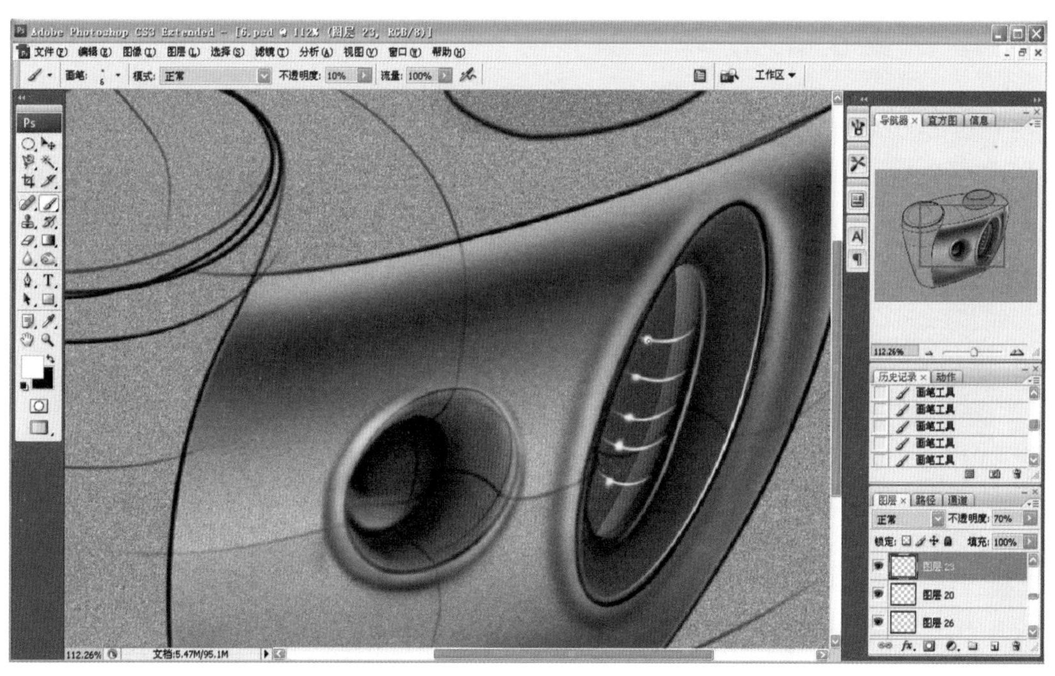

步骤 10　选择画笔工具，调节画笔至较细笔型，使用白色画笔绘制细节，过程中注意透视和线条在形体上的变化。

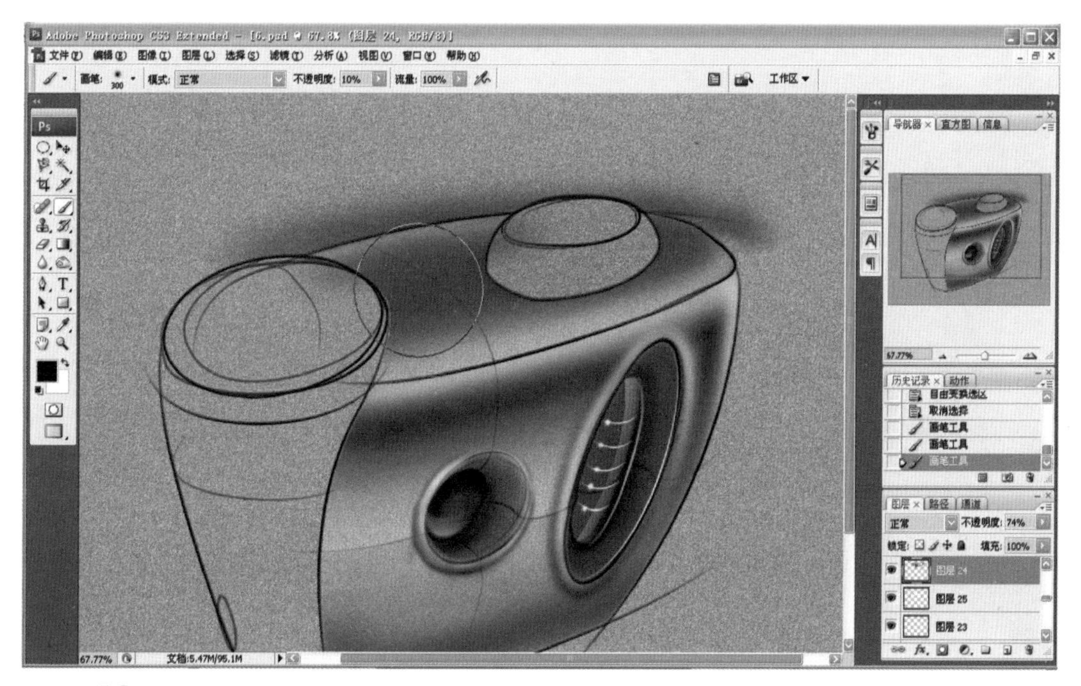

步骤 11　选择画笔工具，使用黑色绘制出产品顶部的造型。

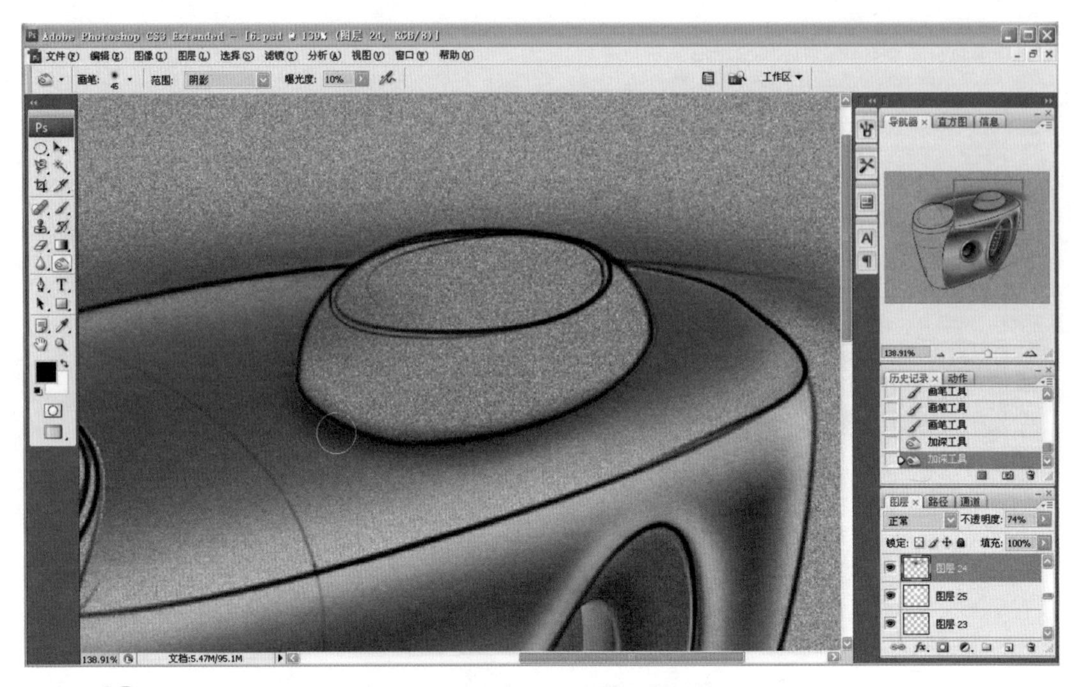

步骤 12 选择加深工具，在盖子底部加深颜色表现出体积感。

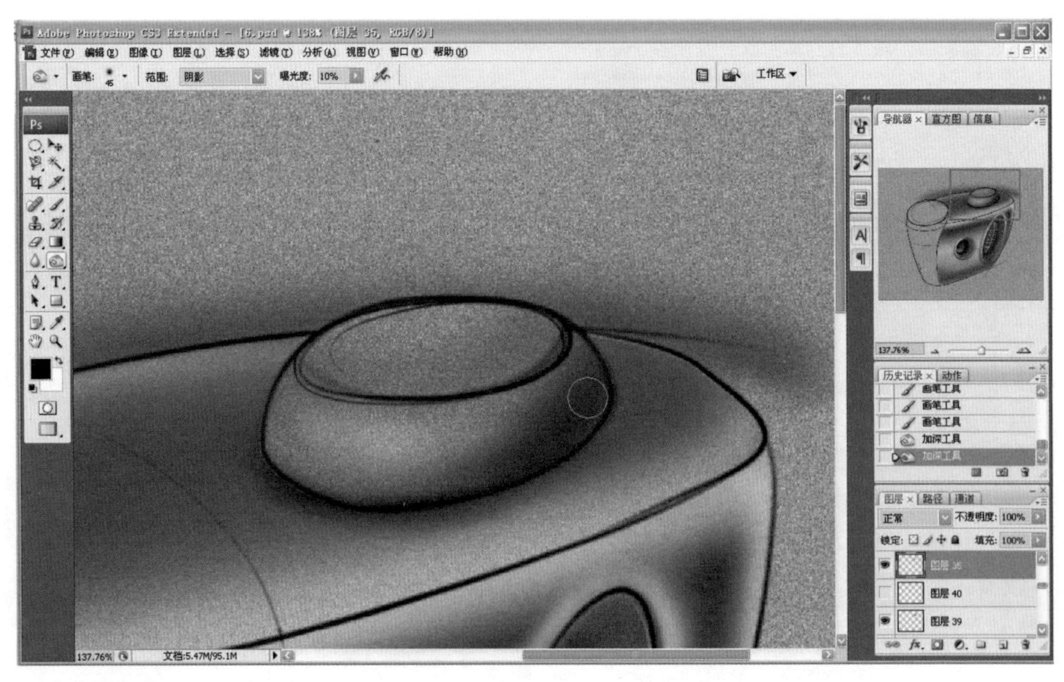

步骤 13 使用加深工具，绘制圆弧处的背光部，色彩的过渡应柔和自然。

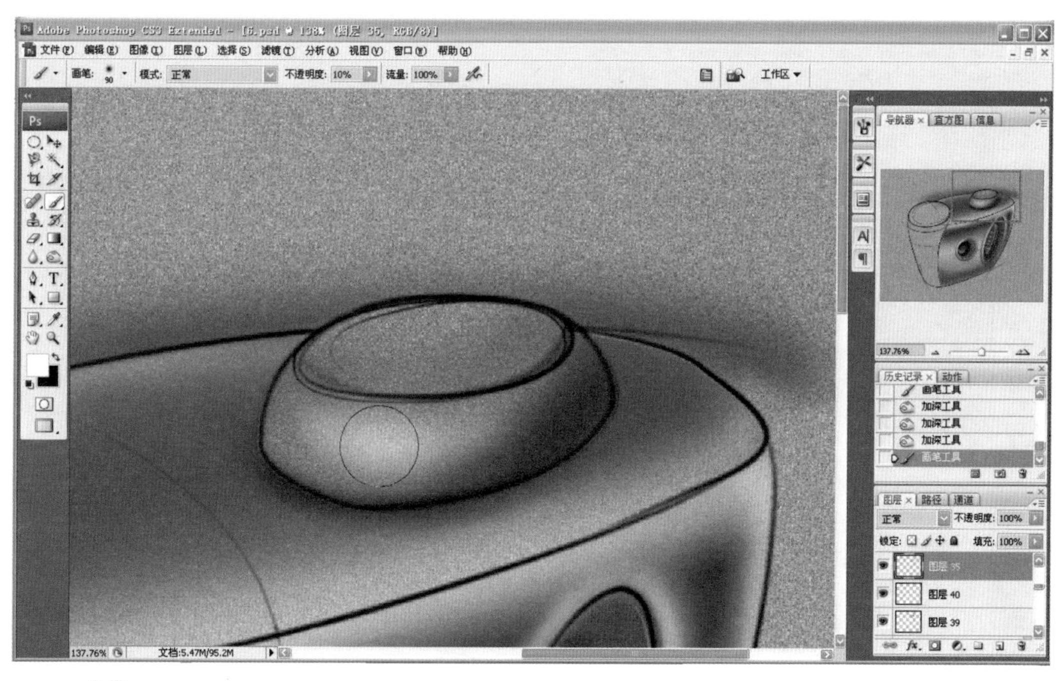

步骤 14 选择画笔工具，使用白色画笔绘制受光部细节。

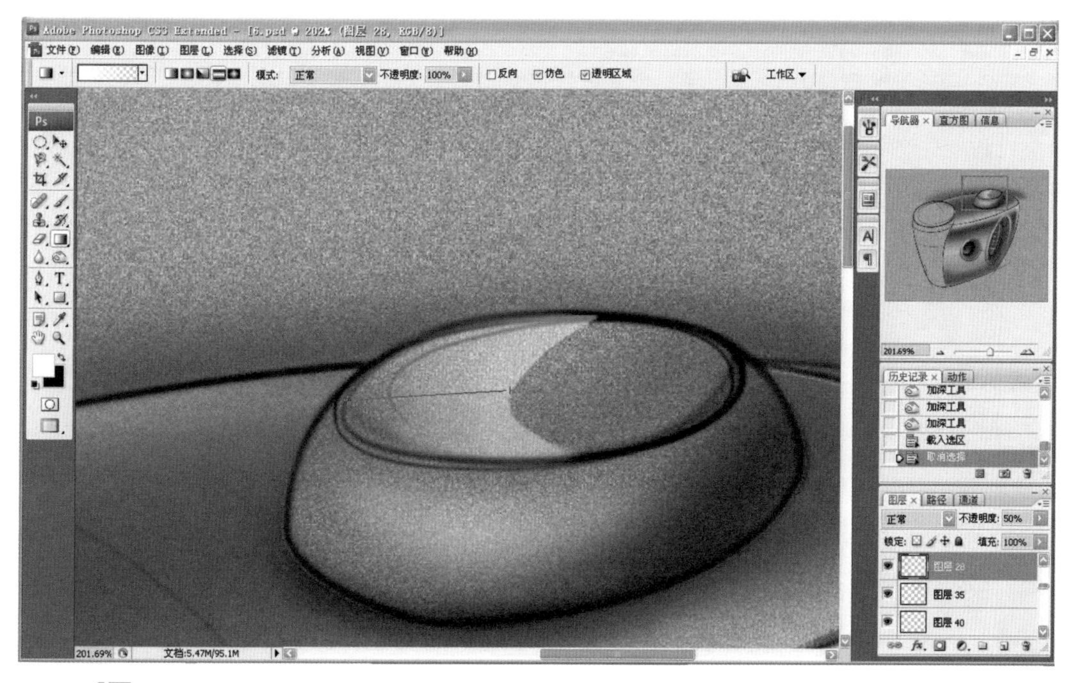

步骤 15 新建图层，建立选区，选择渐变工具，绘制出顶部的受光部分。

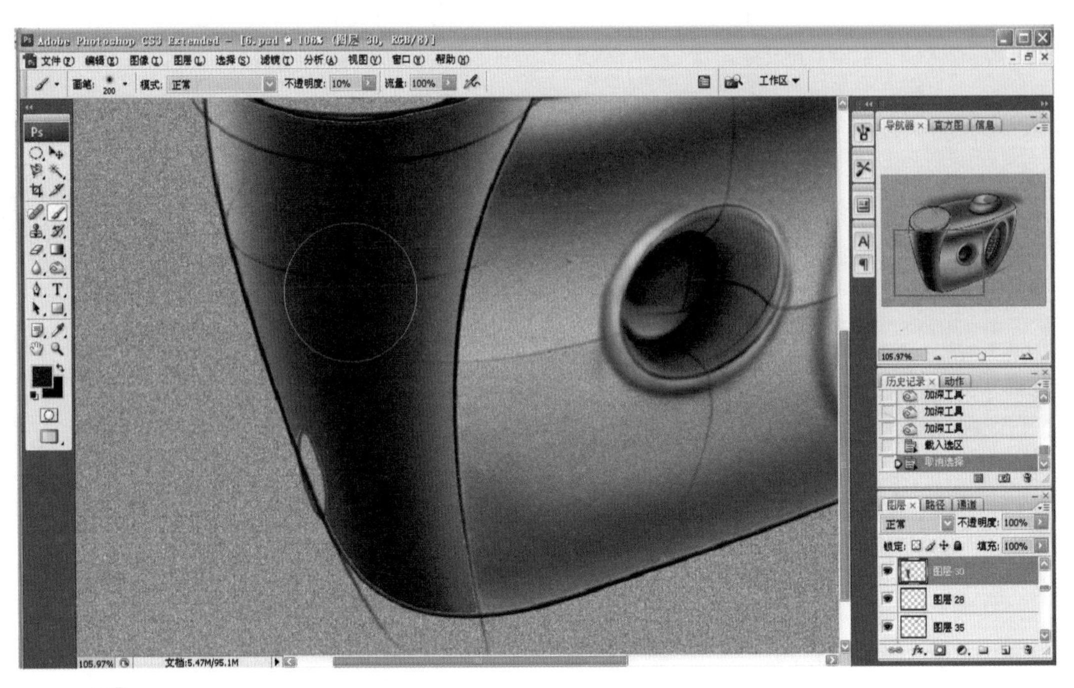

步骤 16 选择画笔工具，使用紫色绘制出产品侧面的造型。

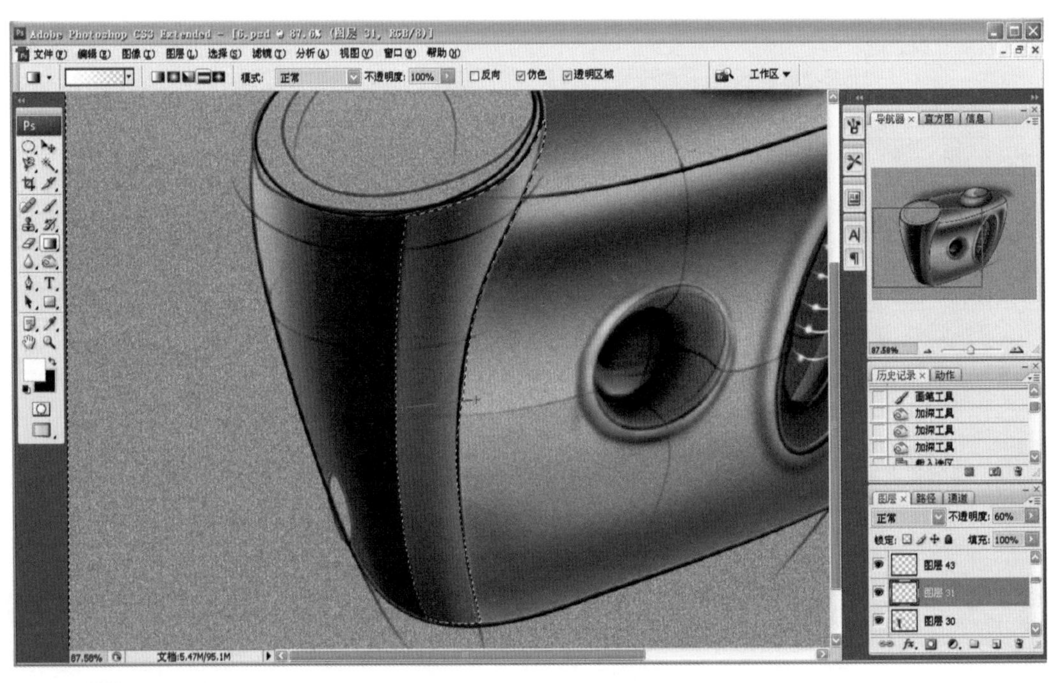

步骤 17 新建图层，建立选区，选择渐变工具，绘制出侧面的受光部分。

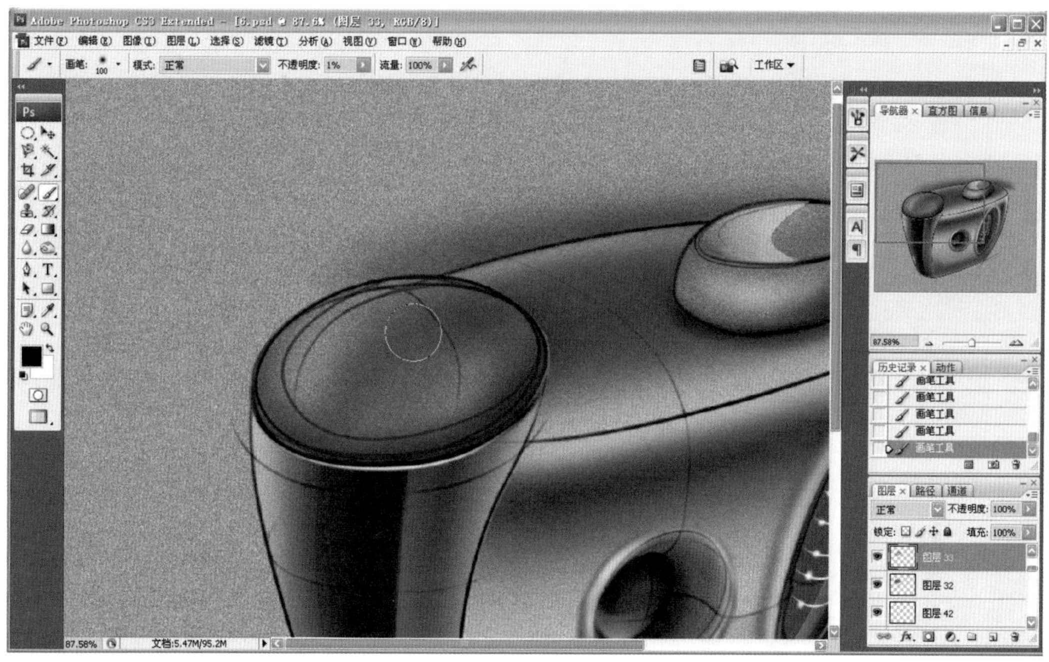

步骤 18 顶部圆形要体现体积感，选择画笔工具，用黑色绘制出弧形的造型特征。调节画笔至较细笔型，使用白色画笔绘制边缘高光。

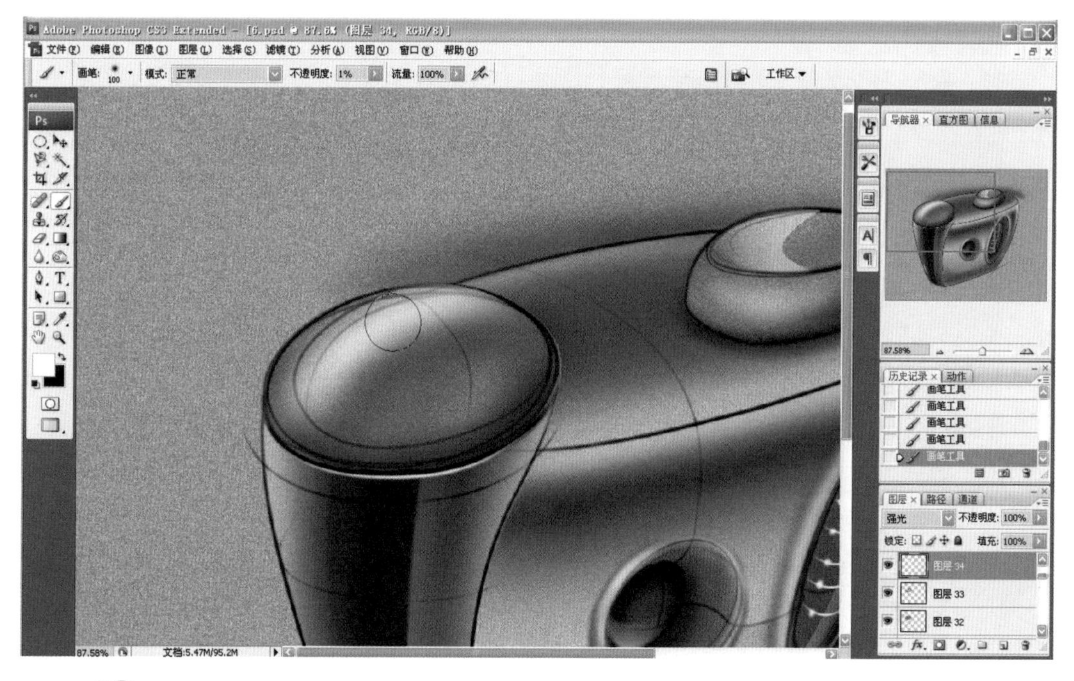

步骤 19 选择画笔工具，用白色绘制高光，强化弧形的造型特征。

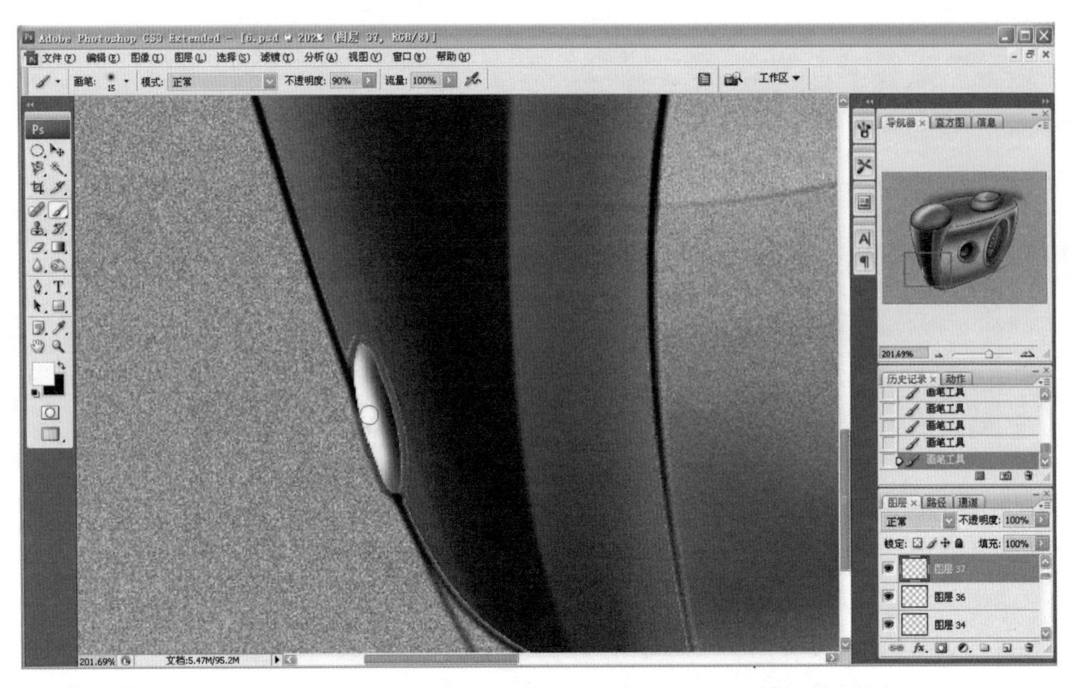

步骤 20 选择画笔工具，绘制按钮。用白色绘制高光，强化按钮的造型特征。

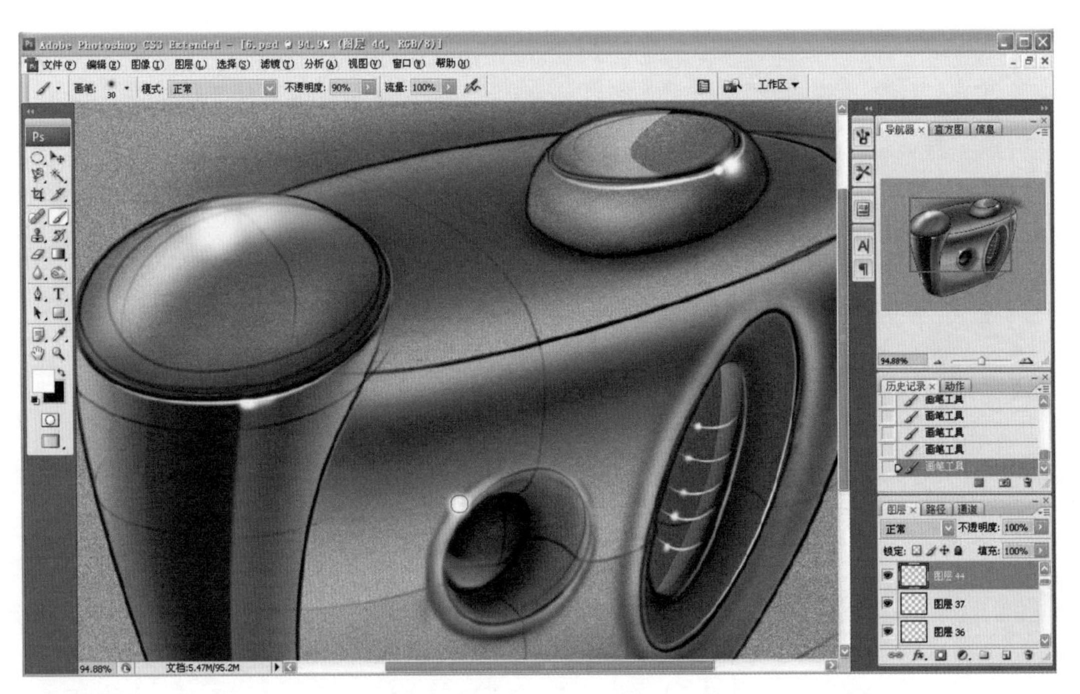

步骤 21 选择画笔工具，用白色画笔绘制高光，注意各个高光之间的主次和变化。

步骤 22 选择画笔工具，使用黑色绘制产品底部的阴影。

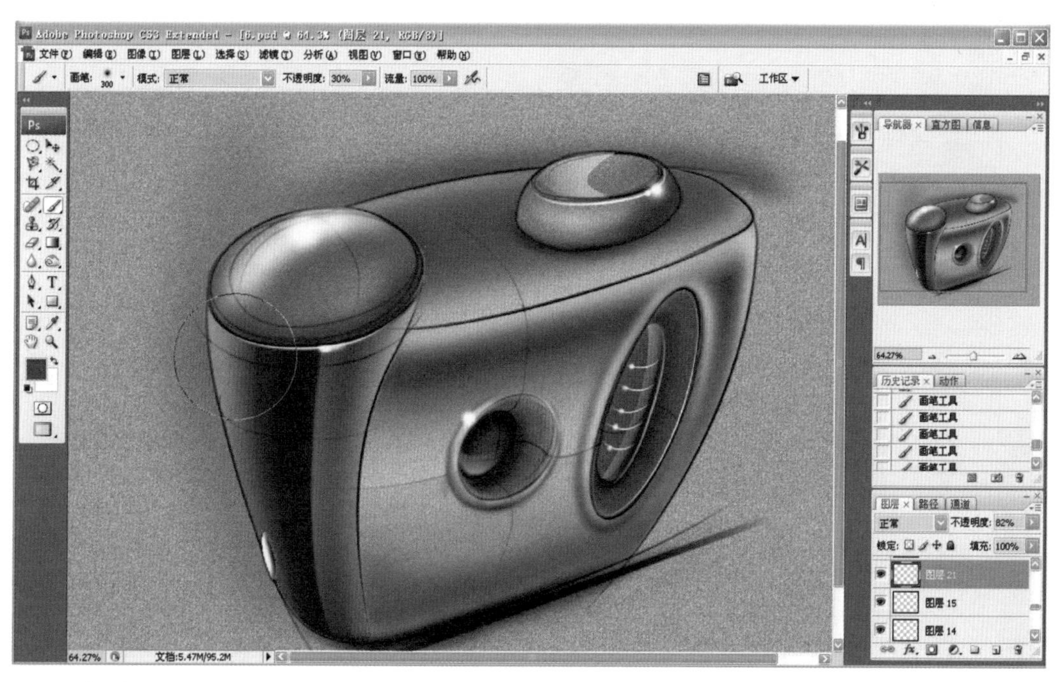

步骤 23 在背景上增加一些艺术效果，以烘托气氛。

4.1.9 电脑表现技法——文档扫描仪（Photoshop）

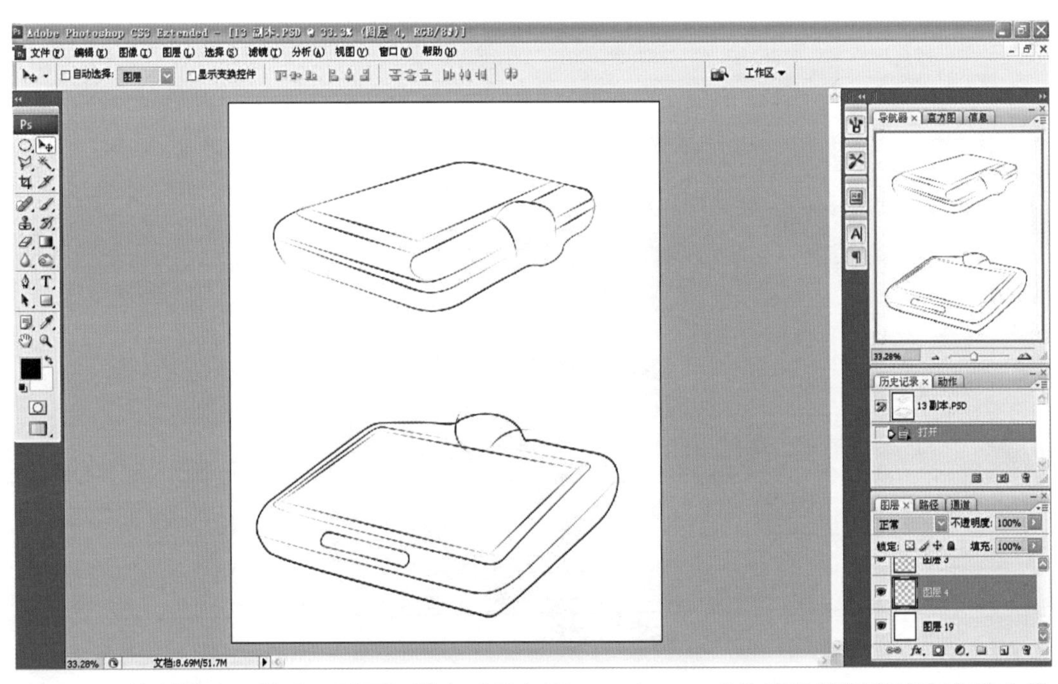

步骤 1 绘制线稿。线稿可采用扫描方式导入Photoshop，或使用数位板直接在电脑上进行勾勒。注意体面转折，线条要流畅。

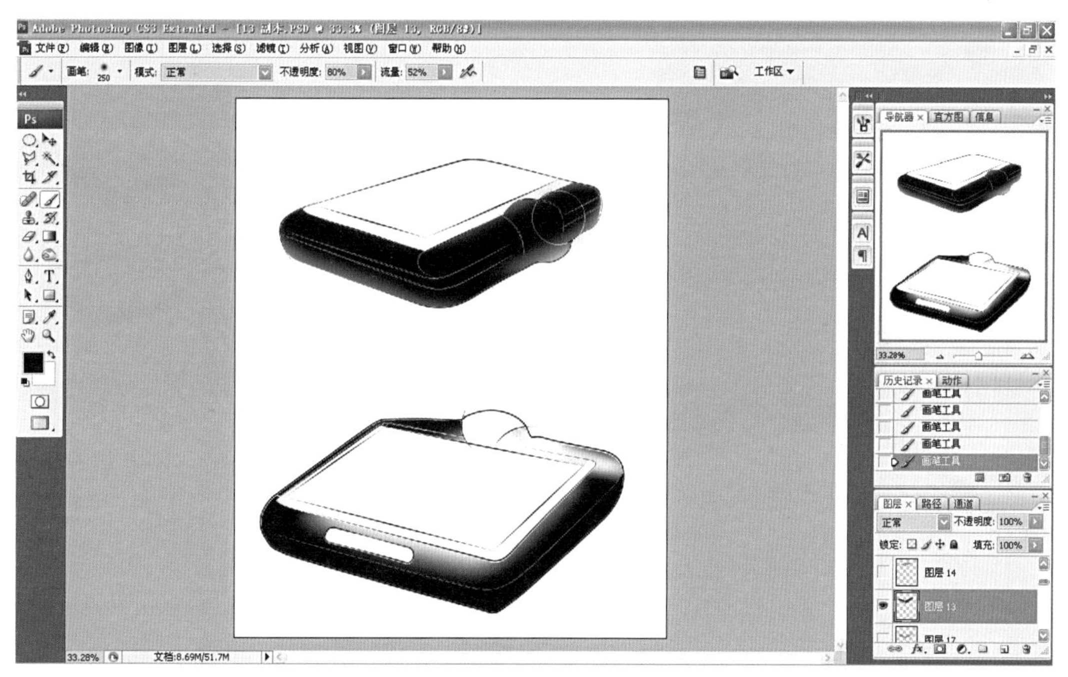

步骤 2 建立新图层，将要上色的区域进行勾勒，填充所需基本颜色。选择画笔工具，绘制出受光部。

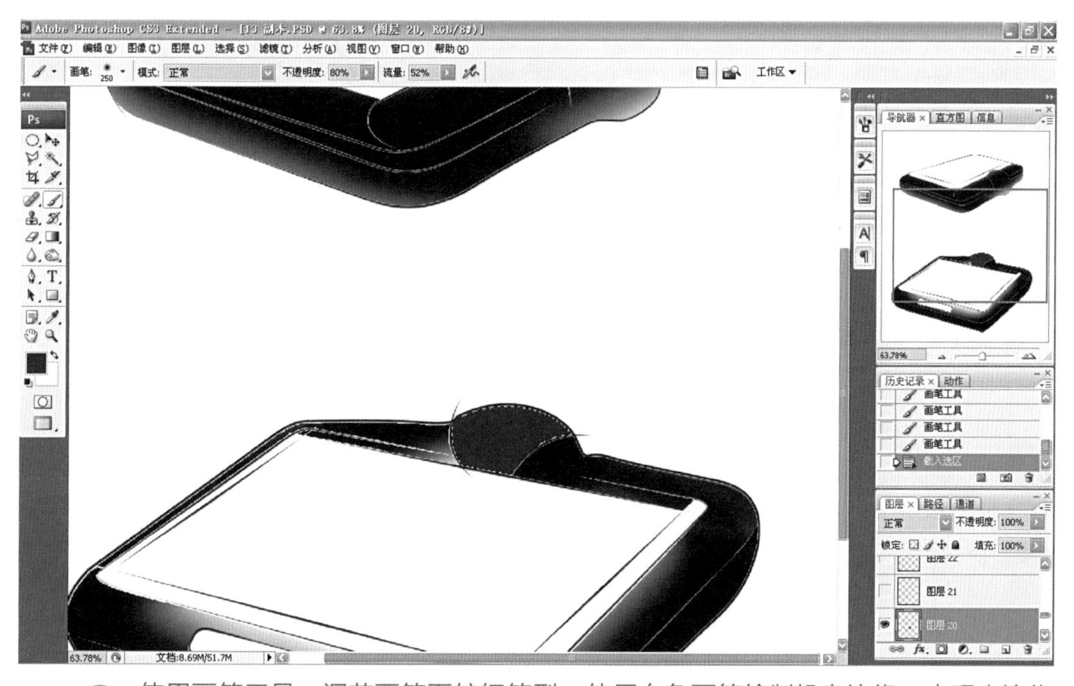

步骤 3 使用画笔工具，调节画笔至较细笔型，使用白色画笔绘制机身边缘，表现出边缘的高光。

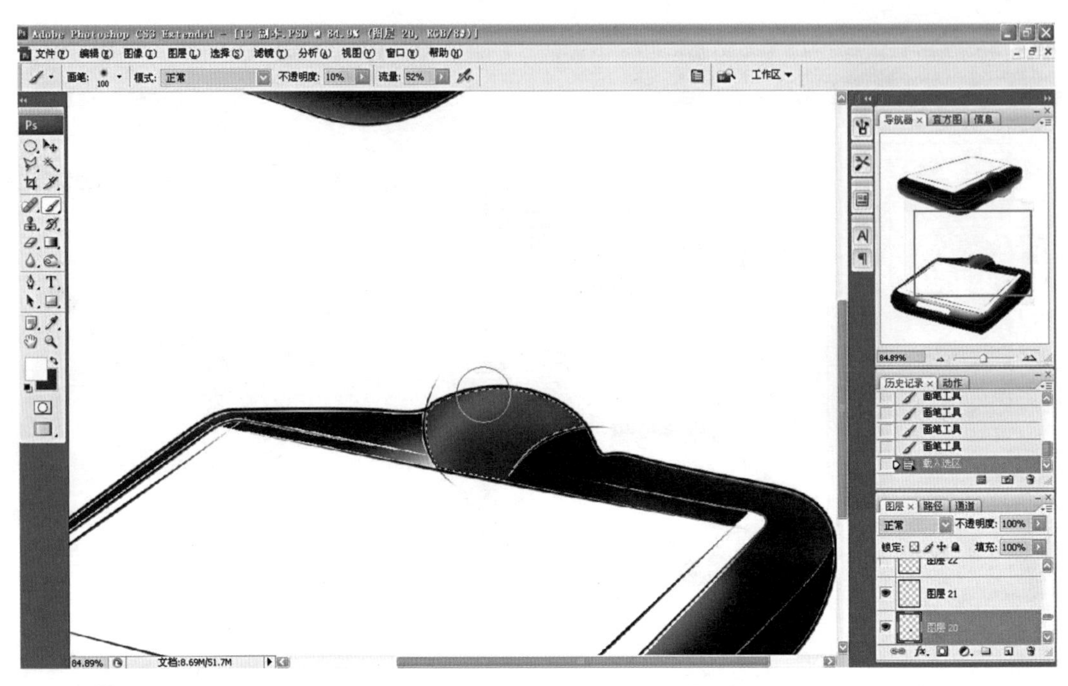

步骤 4 继续上一步骤，使用白色画笔绘制镜头部分的受光部。

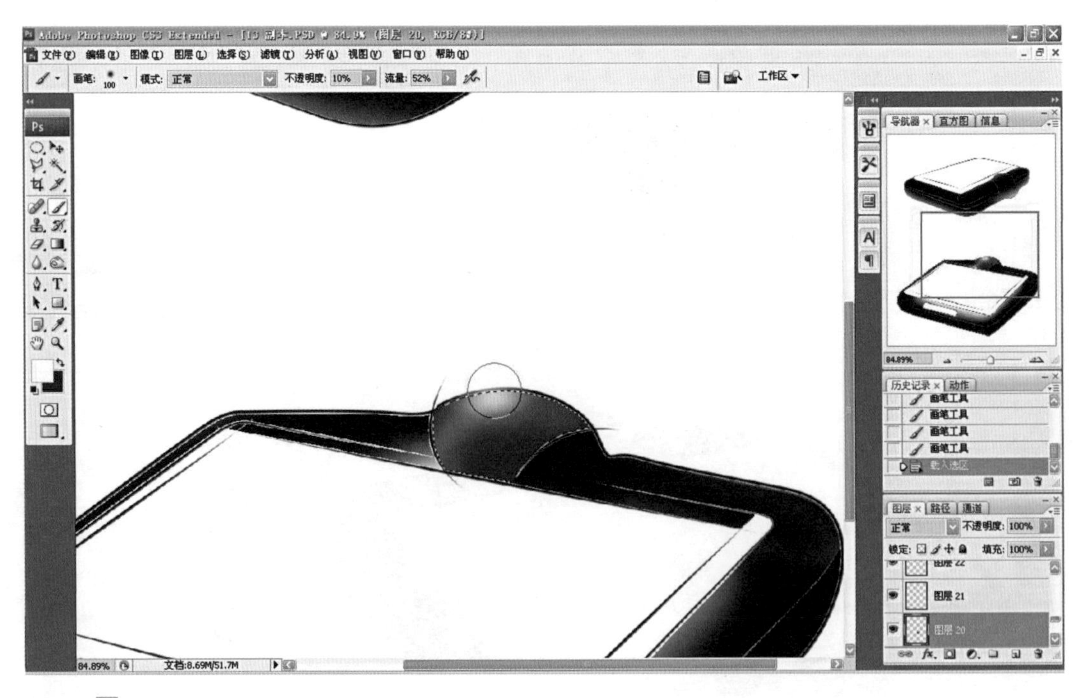

步骤 5 继续上一步骤，使用白色画笔绘制镜头部分的高光点。

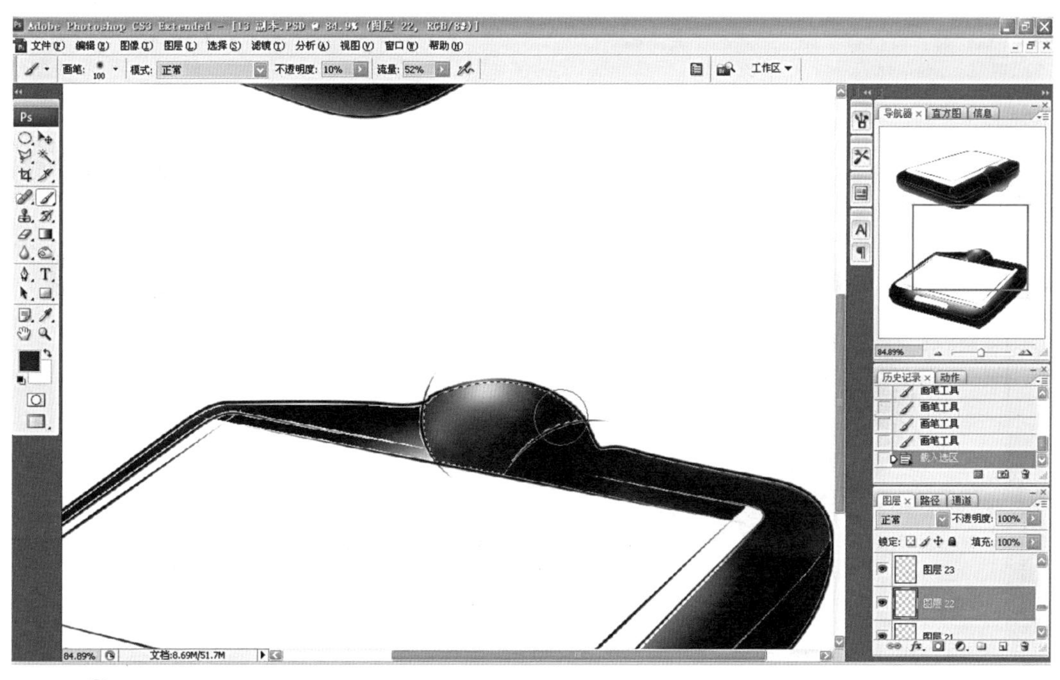

步骤 6　继续上一步骤，使用黑色画笔加重暗部和添加阴影。

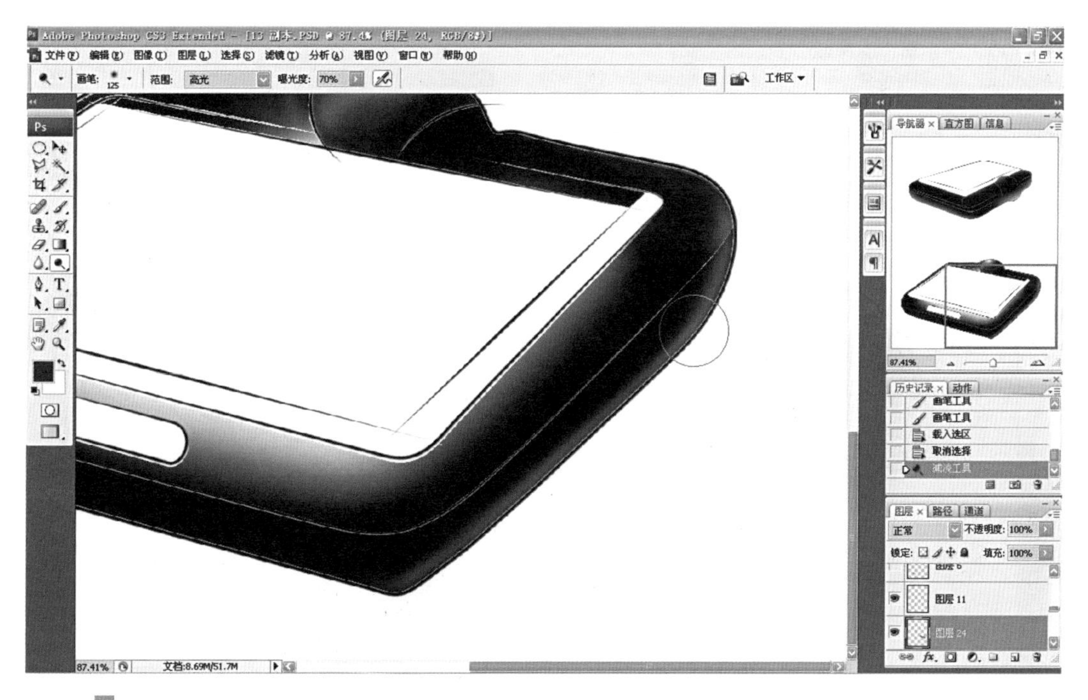

步骤 7　选择减淡工具，添加底面反光，表现出产品的体积感。

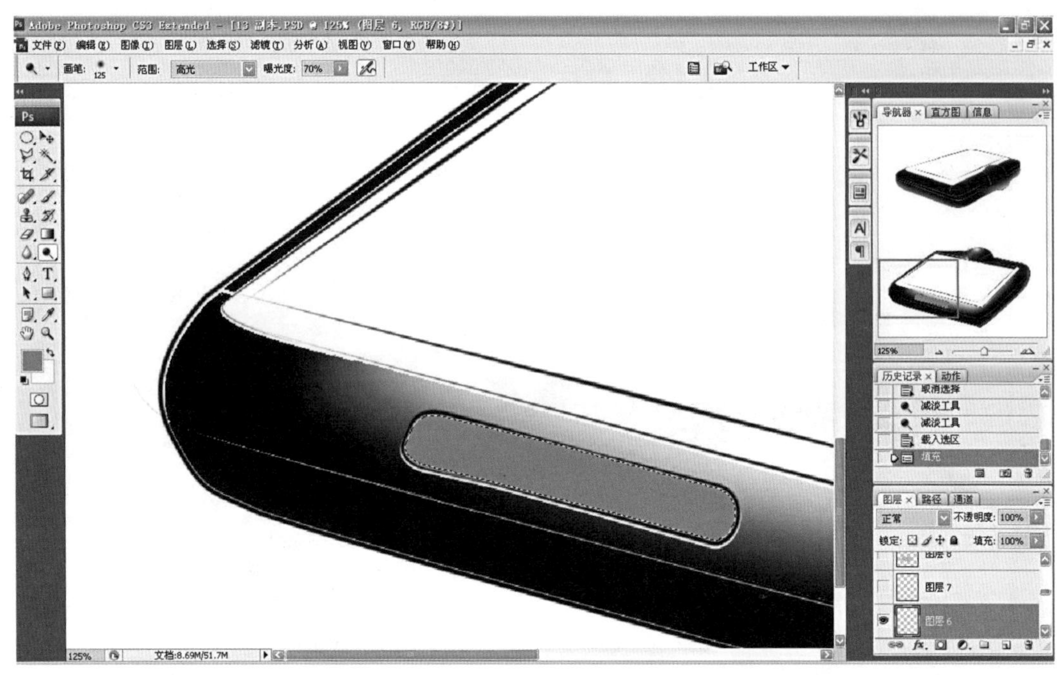

步骤 8 建立新图层，将按钮部分进行勾勒，填充颜色。使用画笔工具，调节画笔至较细笔型，使用白色画笔绘制边缘的高光。

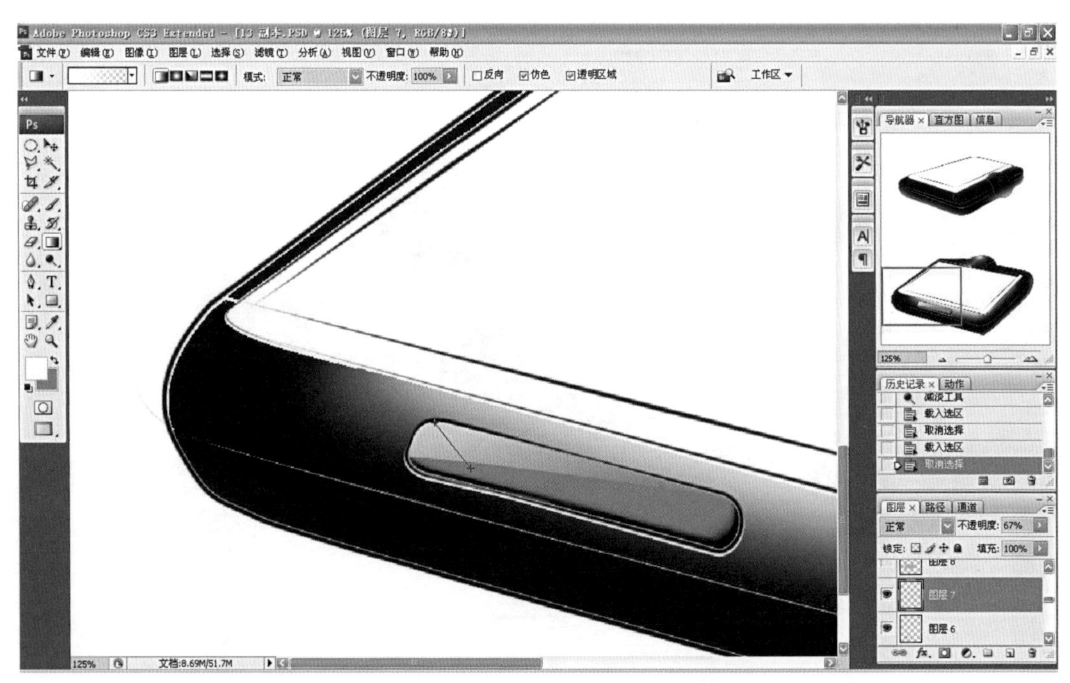

步骤 9 使用画笔工具，使用黑色加深边缘表现体积感。建立选区，选择渐变工具，绘制出按钮部分的受光部分。

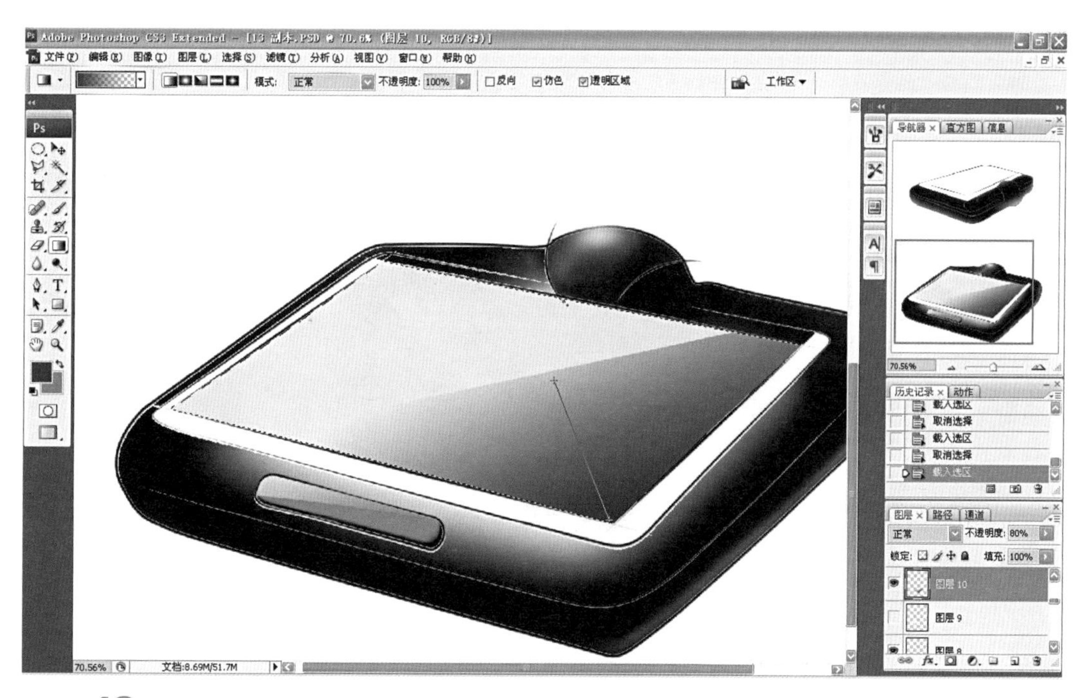

步骤 10 新建图层，建立选区，选择渐变工具，绘制出屏幕部分的暗部。

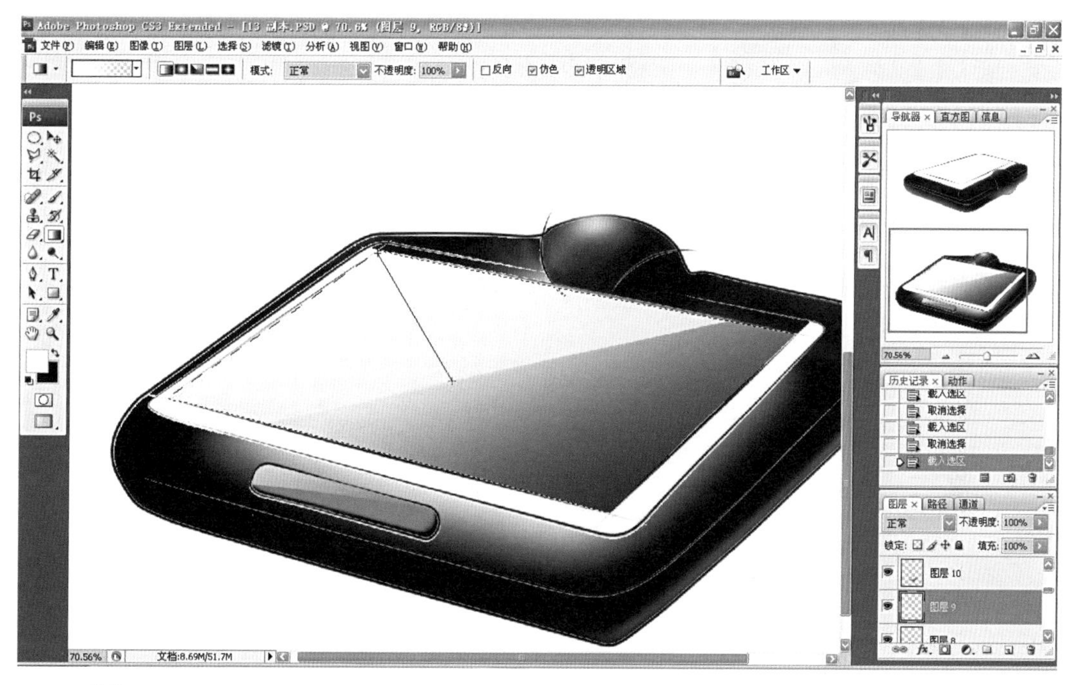

步骤 11 建立选区，选择渐变工具，绘制出屏幕部分的受光部分。

步骤 12 添加背景图层，使用渐变工具，为整个画面添加背景。

步骤 13 整体调整将绘制好的产品，合成至方案图中。

交通工具的快速表现步骤演示

对于设计表现技法的掌握有一个由浅入深的过程，所表现的产品由临摹到创意，由简单的几何形体到复杂的多曲面造型，表现手法由单线勾画到线面结合，表现工具由淡彩到马克笔、色粉笔，以及采用数位板等，丰富的设计表现技法能够产生多姿多彩的视觉效果。以下我们就以同一辆汽车的造型为例，采用不同的表现技法进行步骤演示，以期能够更加清晰地区别不同技法所产生的不同效果。

4.2.1 彩色铅笔表现技法——汽车

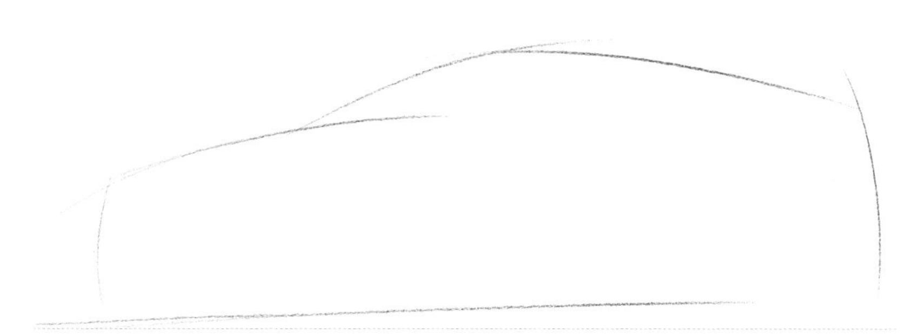

步骤 1　首先勾勒出汽车的大致外轮廓，透视和造型的准确以及线条的流畅都是这一阶段所要注意的。

步骤 2　定位轮胎和中线的位置，并通过轮毂变化确定透视关系。由于汽车体量较大，绘图时为了突出空间关系，通常汽车草图的透视都比较夸张，近端轮毂透视明显小于远端轮毂，其表现就是近端轮毂更接近正圆。

步骤 3 确定透视角度后就是绘出主要的特征曲线，比如腰线、窗线、车灯等车辆最明显的特征。

步骤 4 进一步明确车身的特征曲线及曲面，明确车身曲面关系（面的转折、衔接、过渡等），并适当地添加细节。

步骤 5 在大的结构和基本曲面关系确定后，就可以进一步完成车身其他部分，使草图整体进一步保持一致。

步骤 6 添加细节，使图面效果更加丰富。在添加细节时要注意所有的细节结构的透视要服从整体的透视关系，否则画完的车形会不准，影响视觉效果。注意车窗内的内饰细节要隐约可见，这样使人感觉更加真实。

步骤 7 使用彩色铅笔进行描绘，首先用彩铅大面积地平涂，区分材质面。可以首先画那些非金属反射材质面，因为其光影特性比较规律，接近石膏体等一类的光影规律，比较容易控制和把握，表现起来也比较快。

步骤 8 进一步深入光影关系，注意把握体积感与空间感，如果素描的基本功较为扎实，就能够非常轻松地完成这一步骤。

步骤 9 绘出对比度最大的一组关系，为后面的光影处理作参照。此处是以车窗为例。车窗兼具高反光和透明的特性，处理时要用强明暗对比突出其高反光的特点，再通过其间隐约可见的内饰表现其透明的特点。注意高反光的物体其反射规律和表现规律一定是最明亮的部分紧邻最暗的部分，中间没有均匀过渡。

步骤 10 轮毂一般为镀铬金属，所以其反射规律和玻璃是一样的，不同的是轮毂是不透明的，所以表现的时候只要画出强对比度关系即可。在处理其明度、对比度时注意控制“度”，不要超过对比组的“度”（车窗明度对比度关系）。

步骤 11 处理车身，车身的面积最大，曲面关系变化最多，是最难处理的部分。首先均匀地加深车身处于暗面的部分。暗面的划分标准，依据设计时的造型而定，其一般规律是沿腰线转折以下均为暗部。暗部的反射规律在侧身上的表现是腰线附近最暗，随车侧身向下转折受地面反光逐次变亮。在车头附近形体转折较大的地方明暗交界线应着重加深。

步骤 12 按照上一步介绍的规律加强对比度，突出体量的变化。在车身上可以适当的画出一些环境反光，反光的形式可以依据个人风格、喜好而定。要画出真实可信的反光，首先在图面上要有交代环境景物，其次是要在平时注意观察和积累。

步骤 13 最后调整整体关系，使画面各个部分的光影协调一致，不至于使部分过于突兀或者脱节。一般来讲为了突出体量关系，近端的对比度要高于远端，细节也要多于远端，刻画的精细程度也相对较高。

4.2.2 马克笔表现技法——汽车

步骤 1 马克笔综合表现技法中对于光影关系的处理实际上和彩色铅笔表现是一样的，故不作赘述。只不过表现的手段发生了变化，其主要的变化就是使用工具，利用工具的特性，达到预期的表现效果。首先还是用明度较高的马克笔区分材质和基本体量。

步骤 2 进一步区分材质，注意预留高光。这一阶段基本确定了所表现产品的色彩与基调。

步骤 3 使用高灰阶的马克笔强调明暗交界线和体量的转折部分。在灰阶渐变过程中可以先试用高灰阶的马克笔，再向低灰阶的马克笔逐步过渡，这样过渡比较均匀。使用马克笔时，注意笔头平面完全接触纸面，起笔收笔尽量不要停顿以免出现晕染和顿头的现象，运笔平稳均匀，从头到尾一笔完成，运笔速度不宜过慢，否则很容易出现颜色洇出边界的现象。

步骤 4 进一步加强车辆主体的对比度关系，要做到对比适度。

步骤 5 依据高反光反射规律绘制轮毂，注意阴影部分不要画死，留出反光带。

步骤 6 添加细节部分，不一定深入刻画，但要和整体进度保持同步。

步骤 7 提亮，添高光。在高反光部分上适当添加高光，突出材料的质感，丰富画面。提亮的工具可以是高光笔、白色彩铅，也可以是修改液，但其覆盖力一定要强。

步骤 8 进一步调整图面关系，使用深色彩铅加强交界线和转折部分，并渐变匀涂，使暗部过渡更加均匀自然。

步骤 9 添加车身在地面的投影。

4.2.3 色纸表现技法——汽车

步骤 1　首先在色纸上用很淡的线条勾出轮廓，色纸上绘制线稿，尽量使用相应色卡的对比色，轻轻地起线稿。

步骤 2　和前面在普通纸张上绘制线稿的过程一样，绘制出车辆的主要特征。用肯定的线条勾勒出汽车的结构，通常由车的前部开始。

步骤 3　确定线条。将汽车整体轮廓进行勾勒，要注意前实后虚的关系。

步骤 4 进行细节的深入刻画。

步骤 5 添加暗部和投影。第一遍以平铺的办法，通过线条排列的疏密和走向的变化使画面不显得僵化。由于是黑卡纸白线稿，所以绘制光影的时候既可以用白笔当做阴影，也可以用白笔绘制受光面，这里是用白笔绘制阴影。

步骤 6 绘制反光。添加车灯、反光镜、车门、腰线等体现结构的细节。

步骤 7　通过线条进一步加强体积感和结构。绘制反光的过程中注意线的使用，排线方向要一致、均匀。这样画面才能看起来干净利索。

步骤 8　区分色调的色度变化，可以通过叠加的方式增加阴影的层次感。

步骤 9 通过色调深入表现车身的体积感和结构。为了突出效果，在明暗交界线部分可以将颜色压实。

步骤 10 用高光笔或色粉点出高光。注意，高光不能点太多，同时要注意高光的位置通常在形体的转折处。

4.2.4 色粉笔表现技法——汽车

步骤 1　由于色粉的特性，其色彩的边缘十分难以控制。所以，在使用色粉着色之前一定要对非着色区域进行遮盖，可以自制蒙板，也可以使用低黏度纸胶带。将线稿勾好后用纸胶带把轮胎、车灯等位置进行遮挡。

步骤 2　将此步骤不需上色的部分进行遮盖。把所需色粉笔削成粉末状，用面巾纸或小块脱脂棉蘸色粉，首先将汽车的大的体面关系进行区分，初步塑造造型。

步骤 3　将色粉均匀涂抹于纸上，先从浅色色粉开始。利用色粉柔和细腻的特点，逐渐进行过渡。

步骤 4 根据反光规律涂抹天光部分。注意天光色彩不宜过于鲜艳，以免破坏整体的协调感。表现汽车的受光面，考虑受天光影响，色调偏冷。

步骤 5 表现车身受到地面反射的反光面。与受光部相反，色调偏暖。

步骤 6 用明度略低的色粉在天光和地面反光部分涂抹，增加光影的层次。将受光面和反光面进行过渡。

步骤 7 由于色粉本身性质的限制，许多细节是不适合使用色粉表现的，比如精致的细节和一些面积相对很小的部分，这时候还是需要使用马克笔和彩铅一类的精细表现工具。将遮挡的纸胶带去掉，进行整体调整。

步骤 8 描绘车底盘的反光面。色粉的覆盖能力可以使我们在马克笔上继续使用色粉，添加地面反射光。

步骤 9 加强车窗和车身的色彩对比。对于车窗的处理，由于天空光线的特点是从天顶到地面，蓝色逐渐变浅，所以在绘制窗户后，可以根据这种规律，将车窗由下至上逐渐由浅蓝渐变至深蓝。使用色粉由浅到深依次晕开。

步骤 10 车轮着色。车轮毂的绘制首先从区分光影开始，使用灰色色粉绘制出暗面。

步骤 11 表现出车轮毂内凹的结构关系。再使用颜色更深的色粉绘出明暗交界线。

步骤 12 表现车轮毂的暖色反光面。由于轮毂向内凹陷，所以暗部反射地面光线，色彩倾向暖色，使用赭石色一类的色粉进行绘制。

步骤 13 绘制天光。车轮毂的受光面也是反射天光的冷色。

步骤 14 添加车身阴影。

步骤 15 使用马克笔绘制比较精细和边缘复杂的地方。深入刻画轮毂、反光镜、进气口等细节部分。

步骤 16 继续深入的同时加强轮廓线，使体积感更强烈。由于色粉的覆盖力强，较前的线稿会被遮盖而含混不清，在色粉着色大致完成后可以使用勾线笔将主要的线条再勾画一遍，以使图面更加清晰。

步骤 17 许多细节部分可以使用马克笔和彩铅结合进行处理。并且在收尾阶段可以使用同色系的马克笔在相应的色粉着色部位再淡淡地上一遍颜色，以增加层次。整体调整，加强车身前半部，减弱后半部，同时适当加强车轮的体积感。

步骤 18 最后使用高光笔提亮。在高反光部分上适当添加高光，突出材料的质感，丰富画面。

4.2.5 电脑表现技法——汽车（Photoshop）

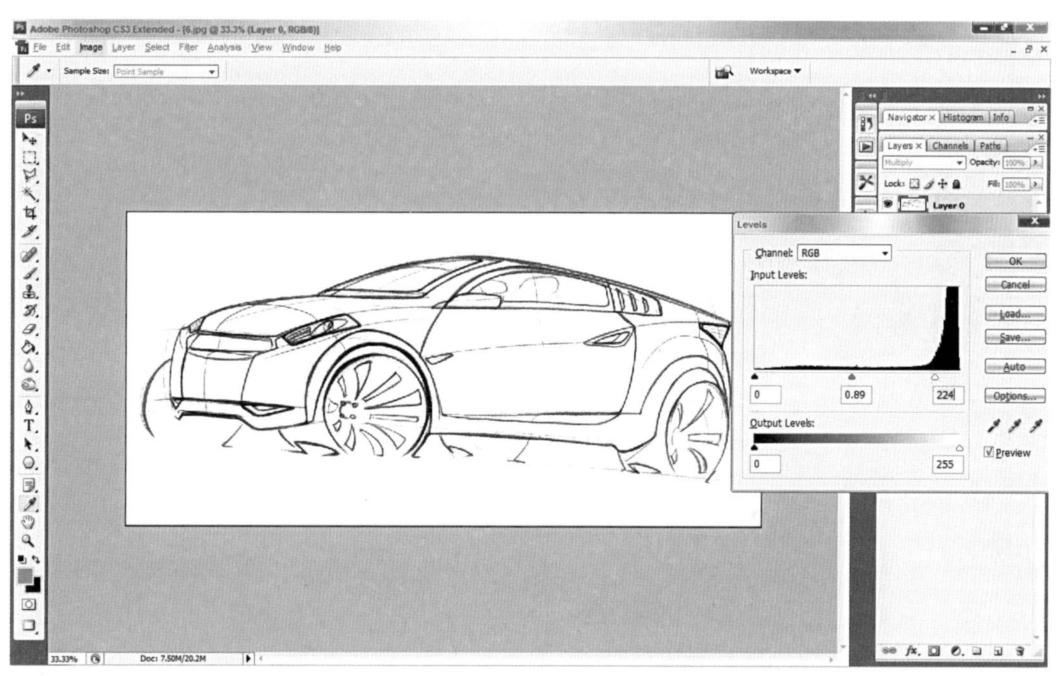

步骤 1 首先将线稿扫描，并导入Photoshop。对线稿进行调整，去除杂色，加强对比度，提高线稿的清晰度。

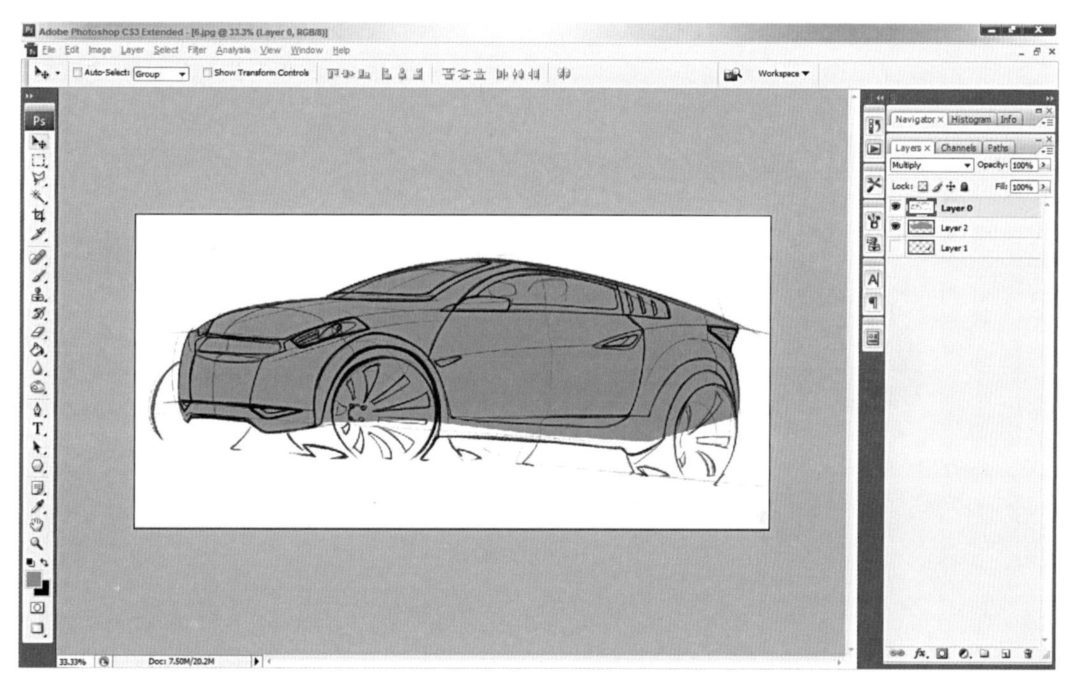

步骤 2 首先使用选区及填充工具对车身进行整体着色。这里使用中灰是因为一般金属色均为中灰，并且这种灰度更方便后续的处理。

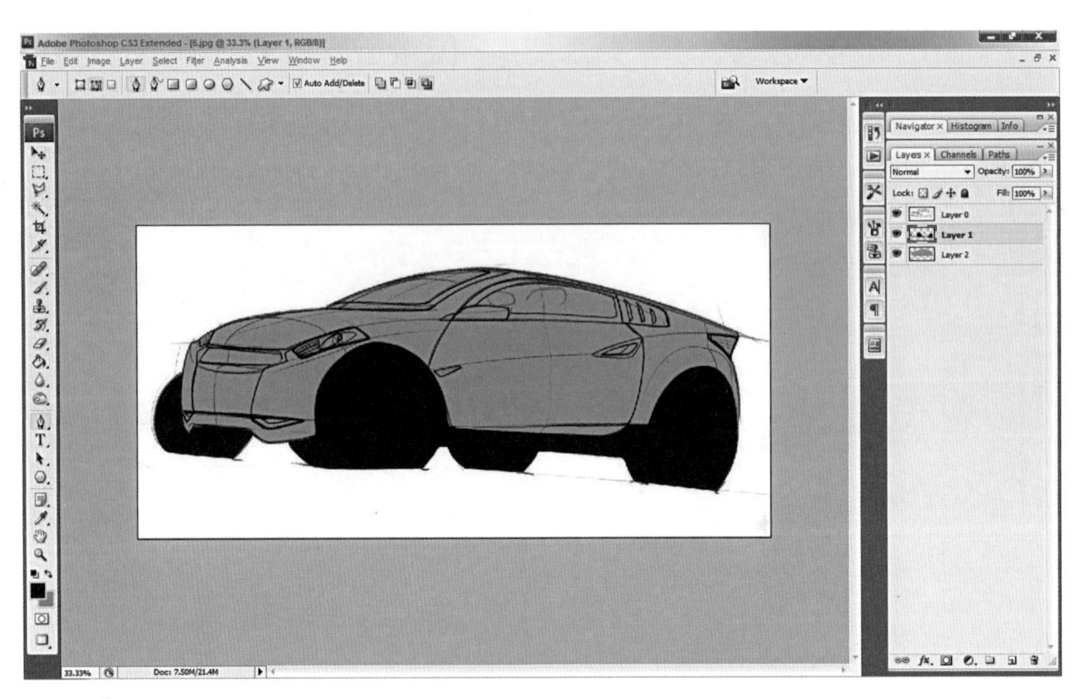

步骤 3 对不同材质上色，在这一阶段以大关系为主，摒弃细节刻画。

步骤 4 处理车身体量。依据车身体量关系利用加深、减淡工具对固定选区进行处理。建议每一个新选区都单建立一个新图层，以方便更改。

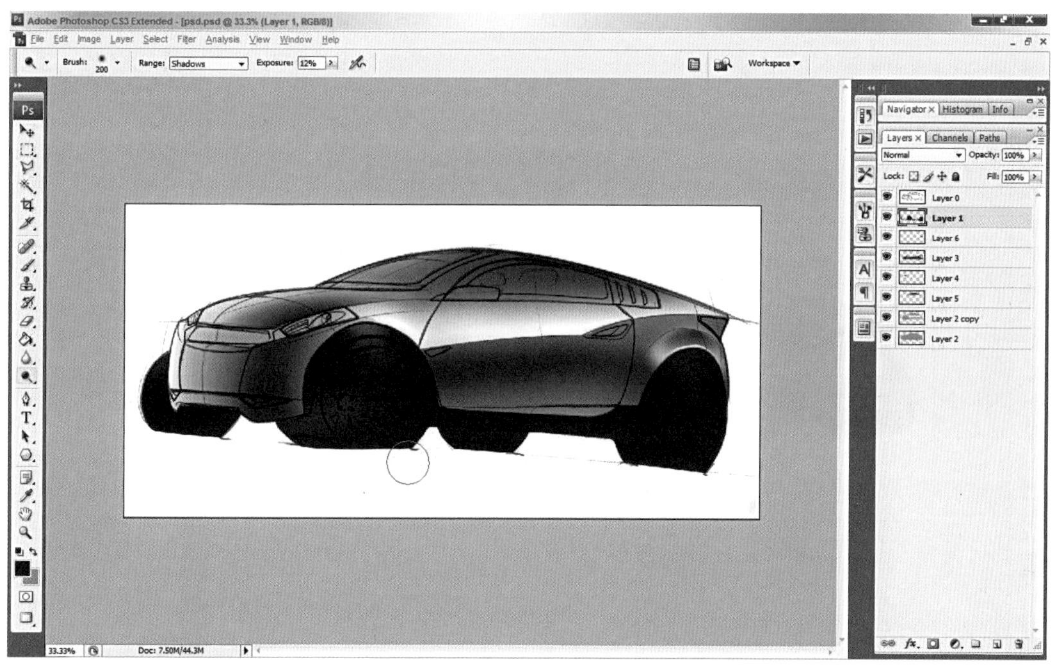

步骤 5　使用减淡工具，对受光部分提亮。注意处理过程中着重体现车身的转折关系和曲面的曲率。

步骤 6　在车身用选区选出一些反射环境景物的形状，使用明度和对比度工具进行调整，表现轮廓分明的反射，增强车身金属质感。进一步丰富车身材质。

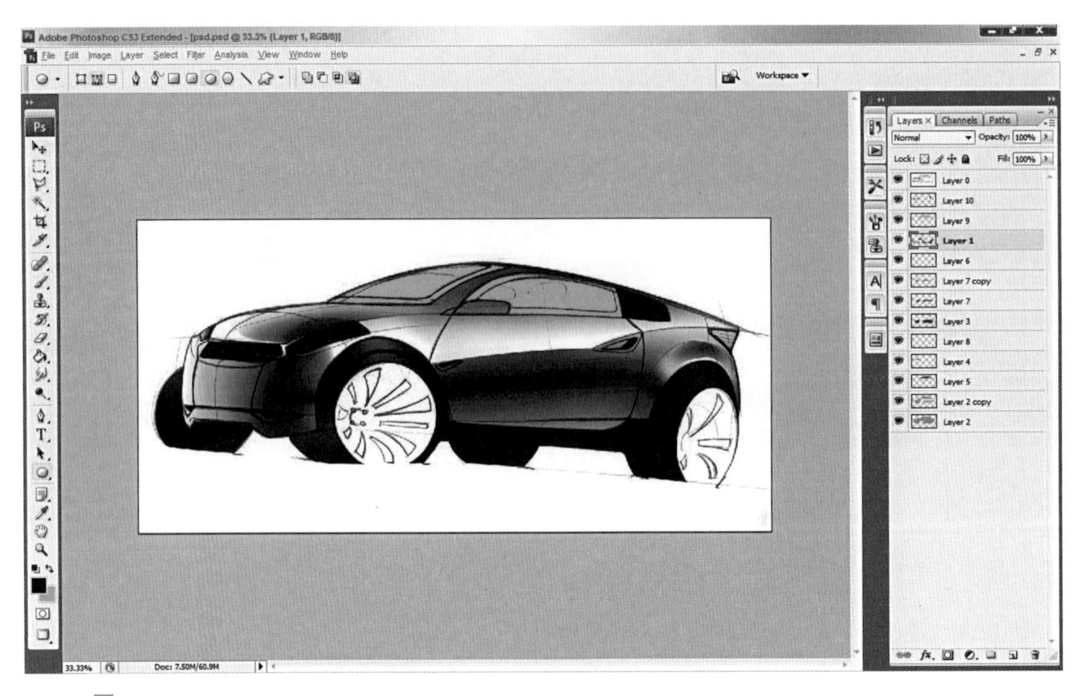

步骤 7 对不必要的图层进行适当裁切，以免影响整体光线感受。

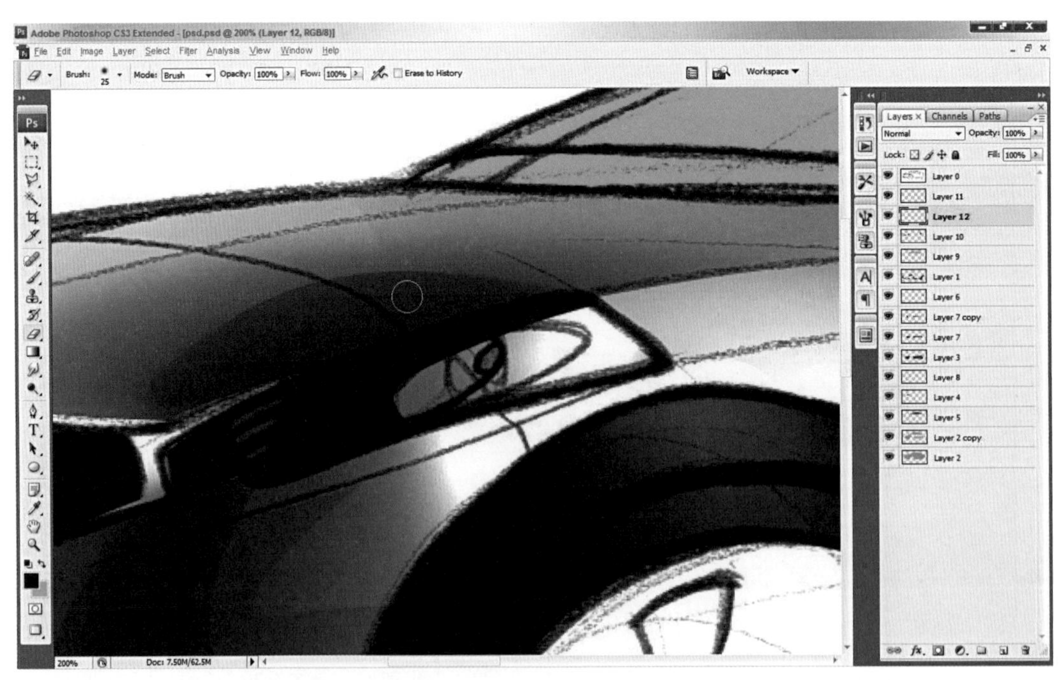

步骤 8 车灯处于车体侧面与前面的交界处，所以首先要注意车灯的体量转折，注意区分受光面、明暗交界线和反射面。

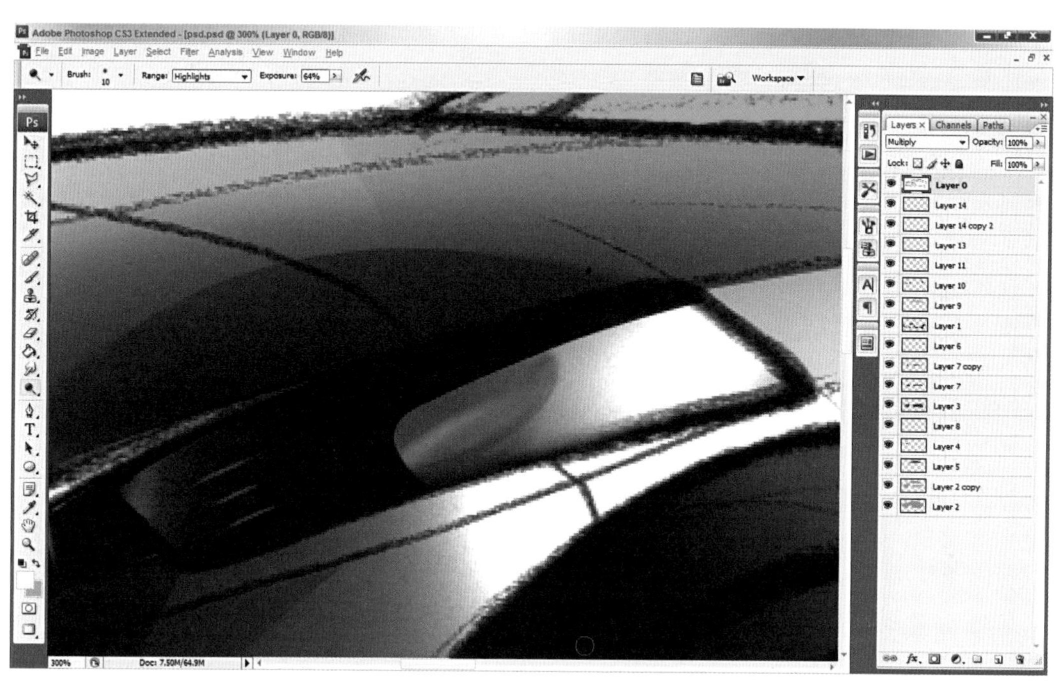

步骤 9　车灯的细节处理。顺车体趋势用选区勾勒出高反光面，受强反光影响，这个区域的内部细节几乎是不可见的。在交界线和反射面隐约添加一些细节，突出玻璃的透明性质。

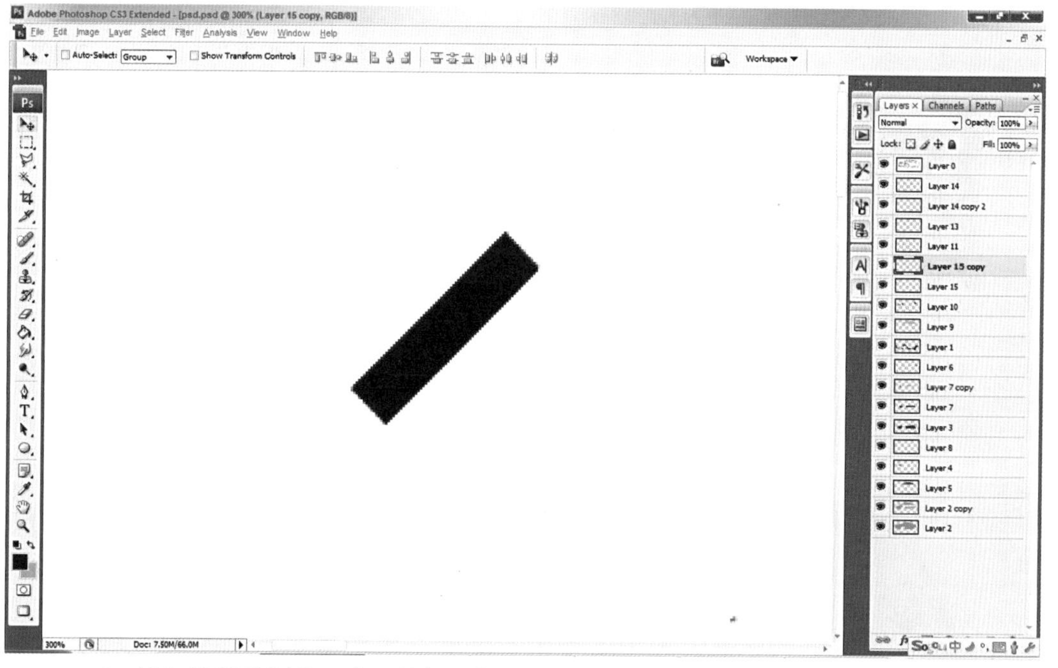

步骤 10　进气格栅的制作。由于格栅一般是重复的网格，所以首先是制作单元形体，填充长方形选区，并改变其角度。

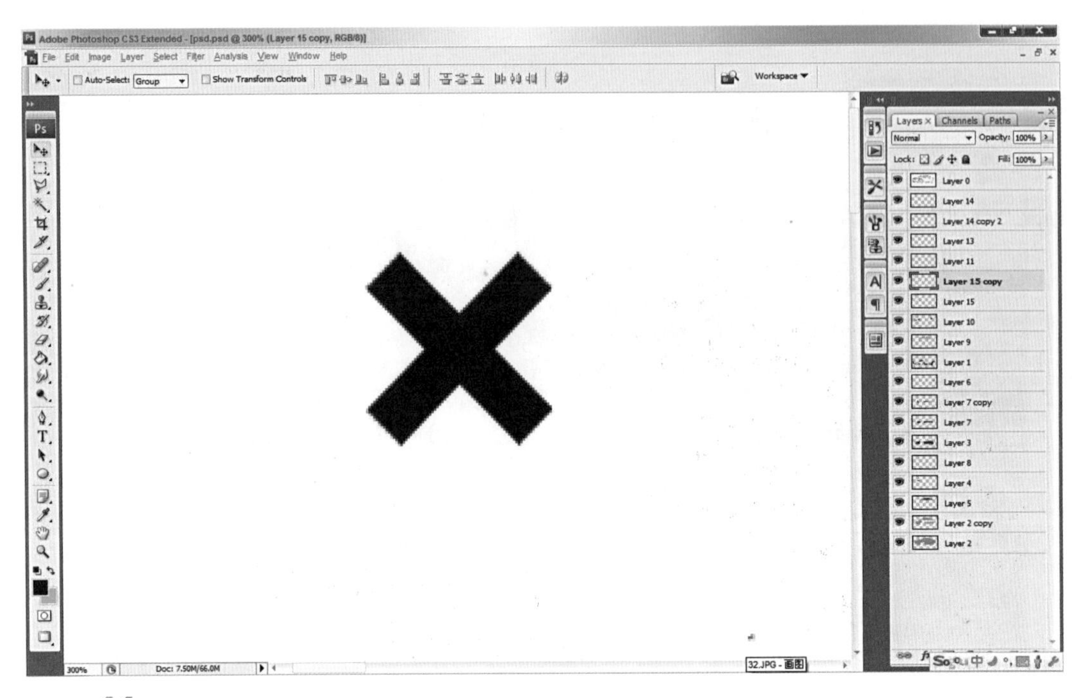

步骤 11 复制并使之交叉。

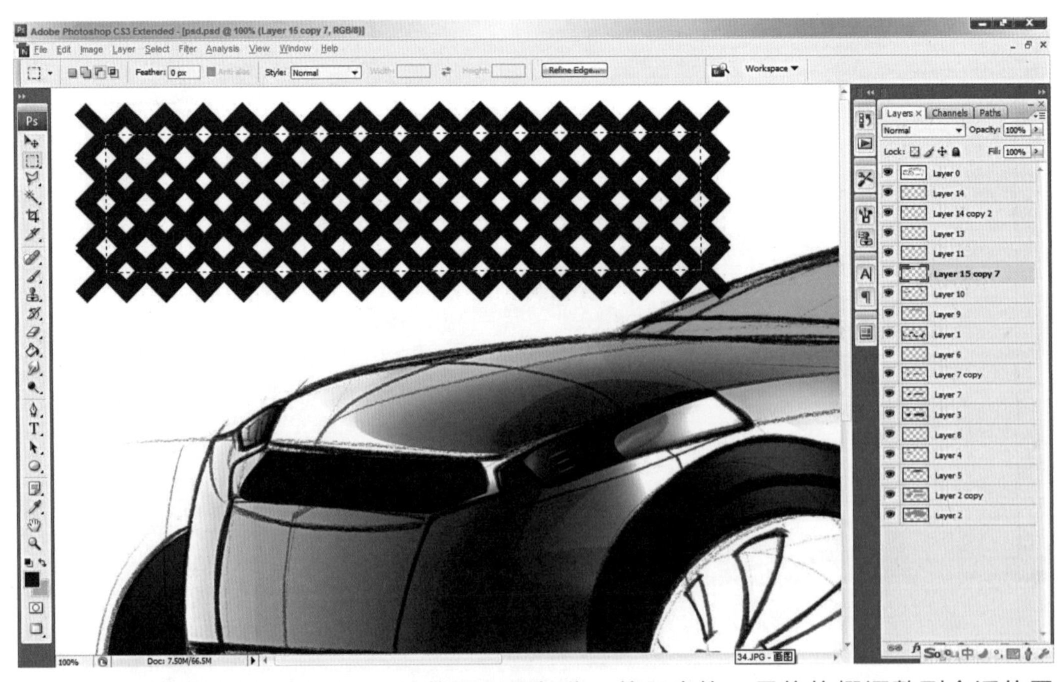

步骤 12 复制直至足够数量，并截取所需部分。使用变换工具将格栅调整到合适位置即可。

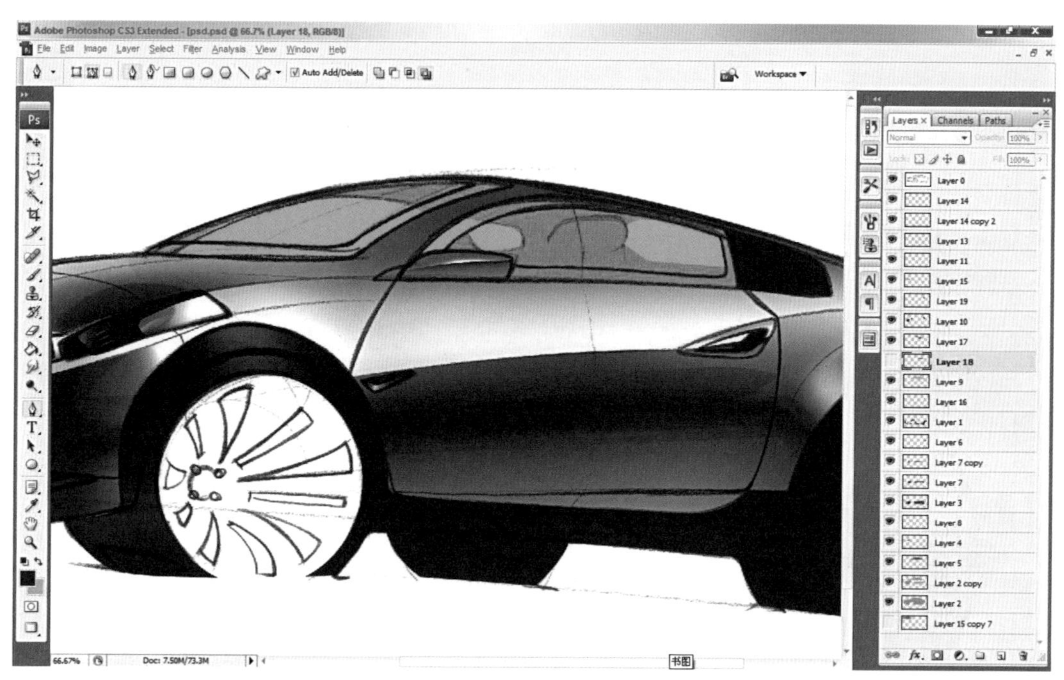

步骤 13 因为车窗是透明的，而内饰将从后部射入的光线遮挡住了，所以将车窗内的内饰部分选出，并加深。

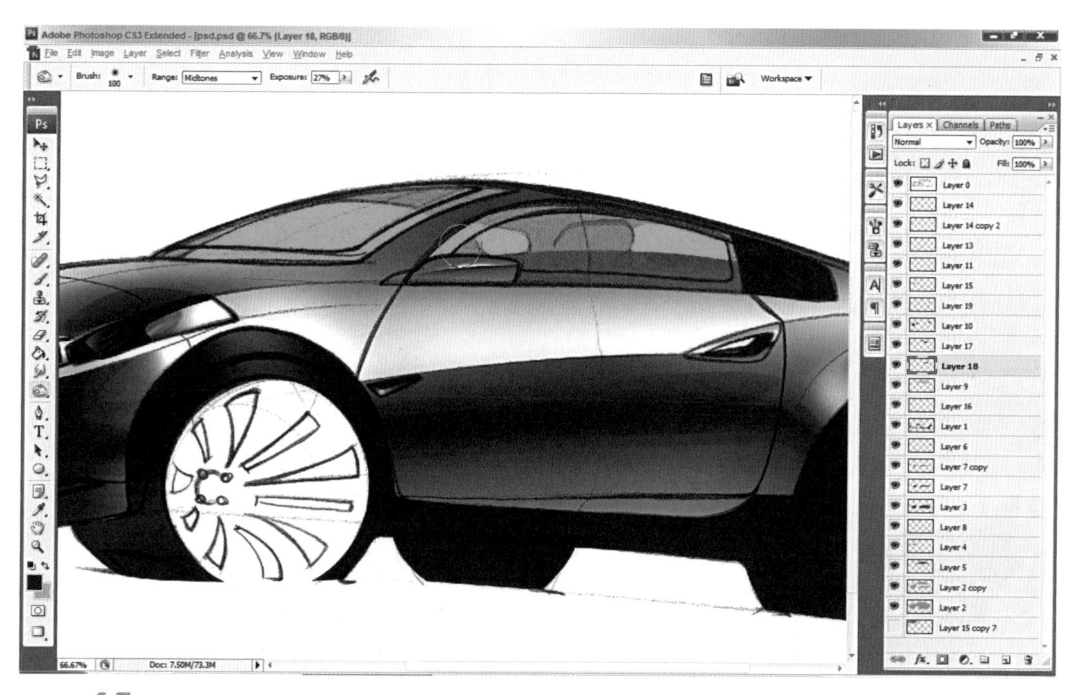

步骤 14 由于玻璃会反射地光，所以反地光部分明度要低于车窗的其他地方。

步骤 15 提亮交界线部分，突出玻璃的高反光特性。

步骤 16 对反射天光的部分适当地提亮，但亮度不要超过中央的高光带。

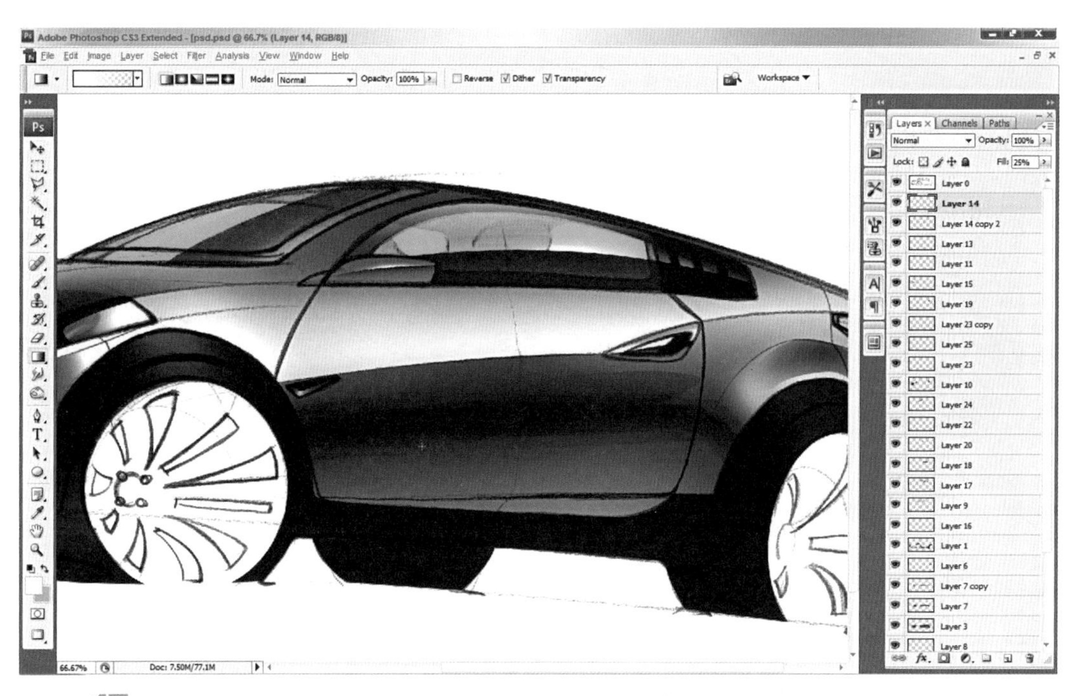

步骤 17 车窗尾部的进气槽完全处于背光状态，可以使用黑色直接填充选区。

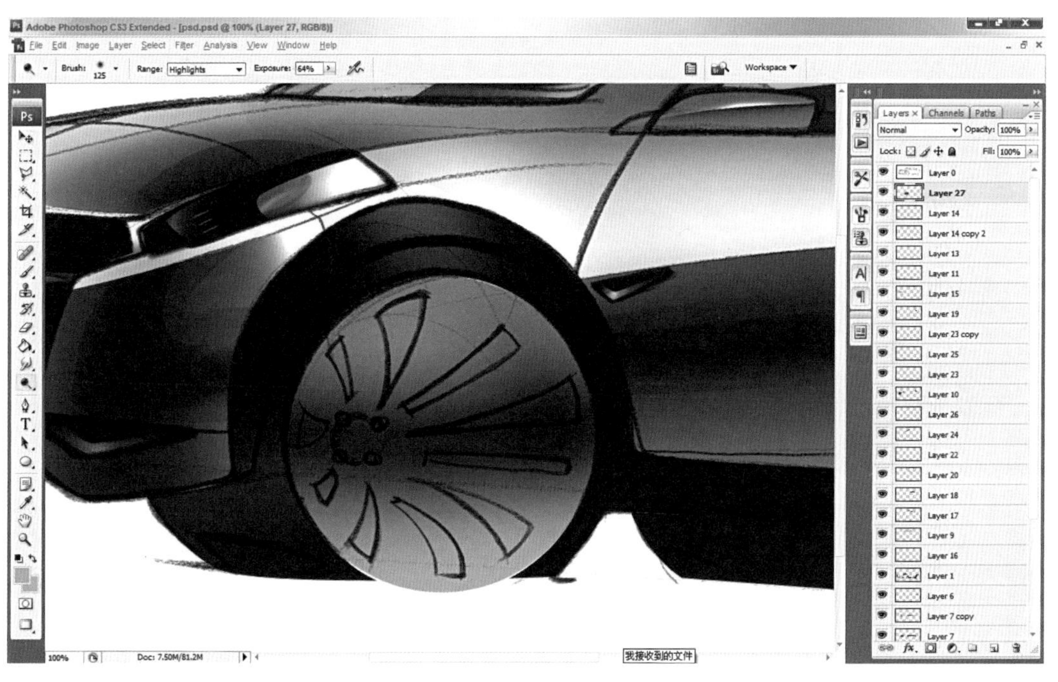

步骤 18 车轮毂首先当成一个凹陷的石膏碗来处理。

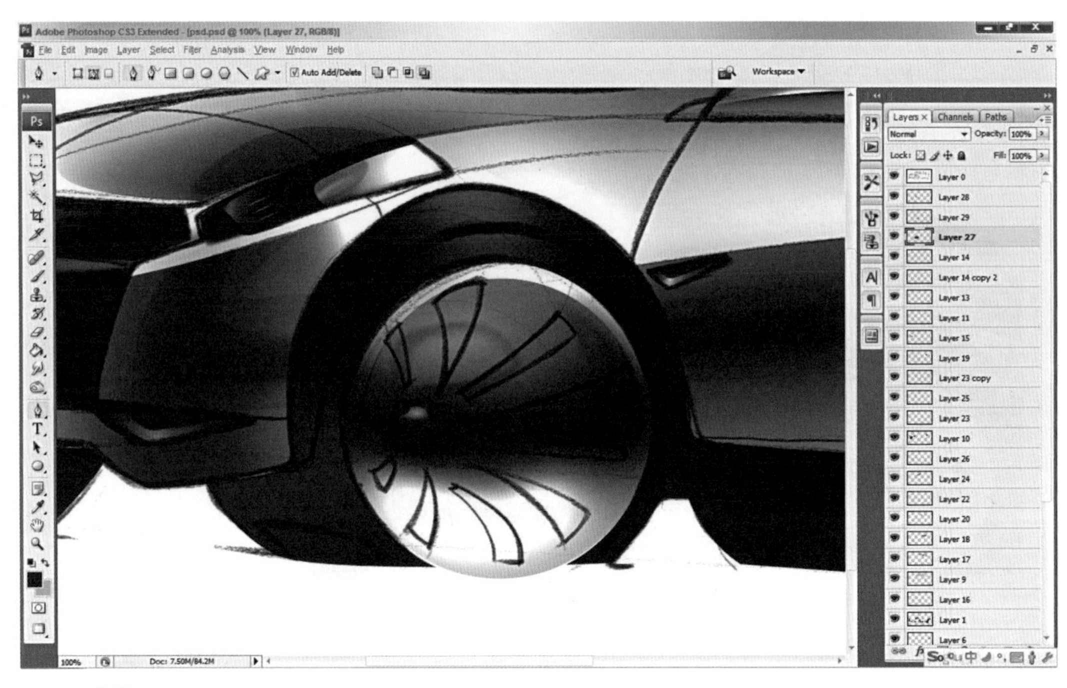

步骤 19 增强对比度，由于是金属的高反光物体，所以要注意高光和反光。

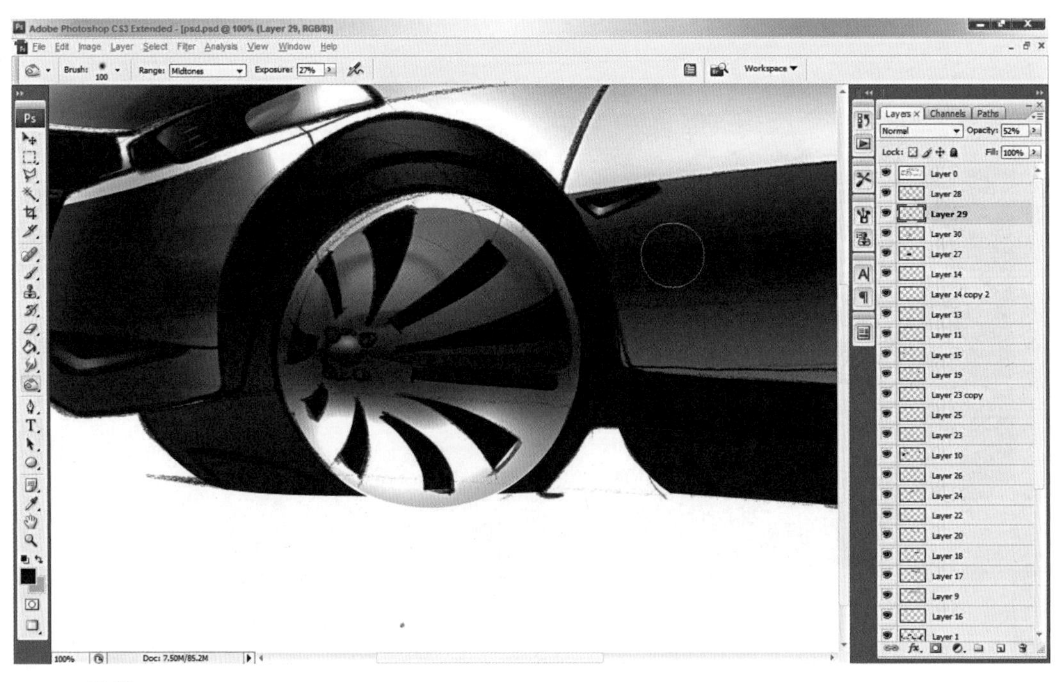

步骤 20 对辐条间隙进行填充。

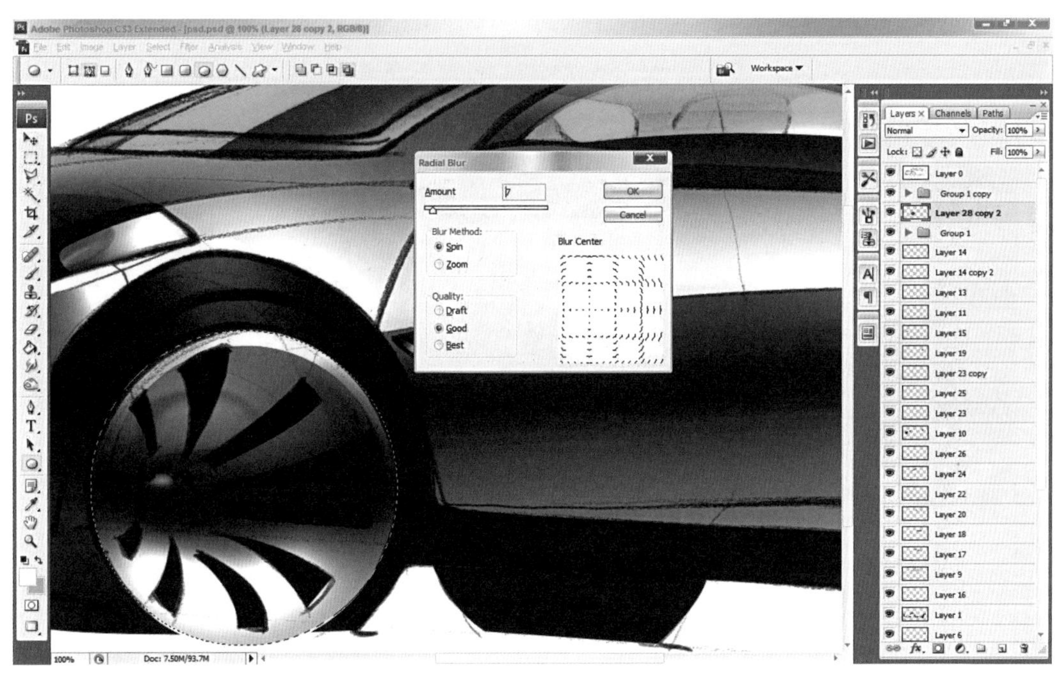

步骤 21 框选轮毂并使用径向模糊工具，以加强车辆的动感。注意一定要先框选，这样才能进行精确的模糊处理。

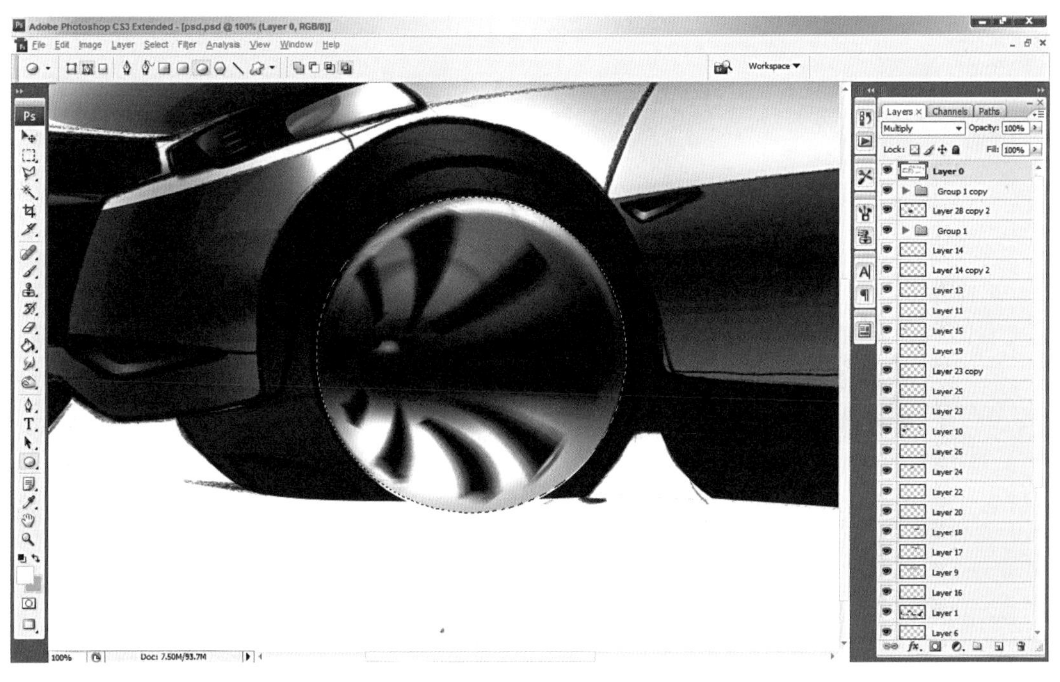

步骤 22 模糊后的效果。

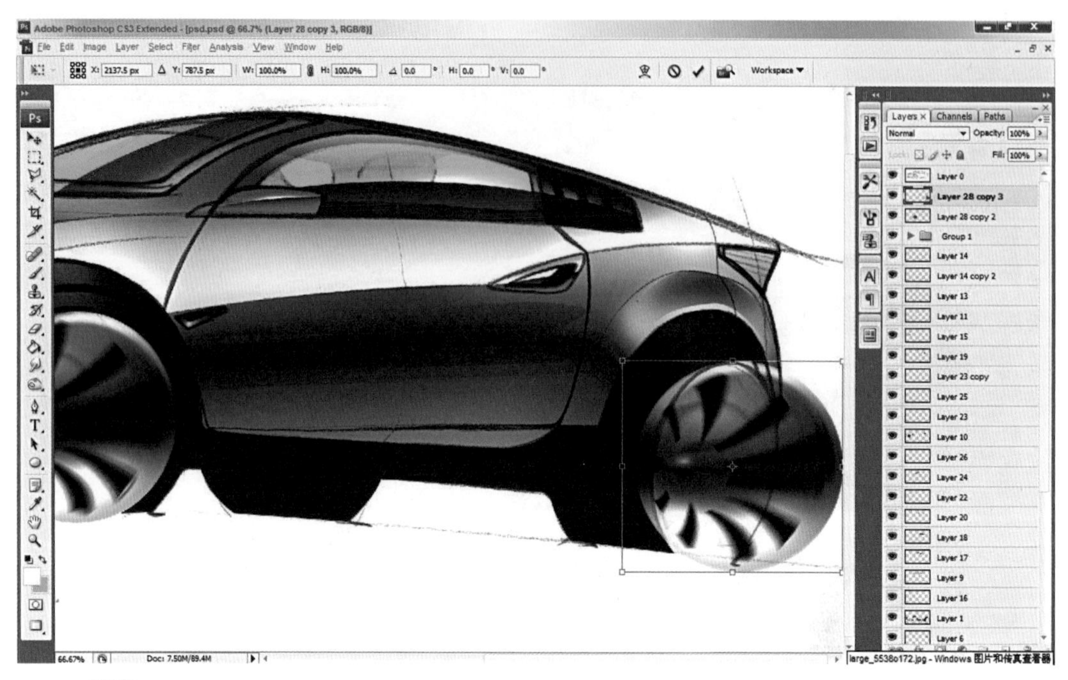

步骤 23 这里可以直接通过复制近端车轮毂，通过调整透视的方法绘制远端轮毂。

步骤 24 添加环境光。由于汽车一般都置于室外，所以车辆的反光会受到外界光线的影响，会反天光、地光。天光一般为蓝天的色彩，所以框选车辆上半部分，并填充蓝色，具体的色彩可以根据个人喜好和设计风格而定。

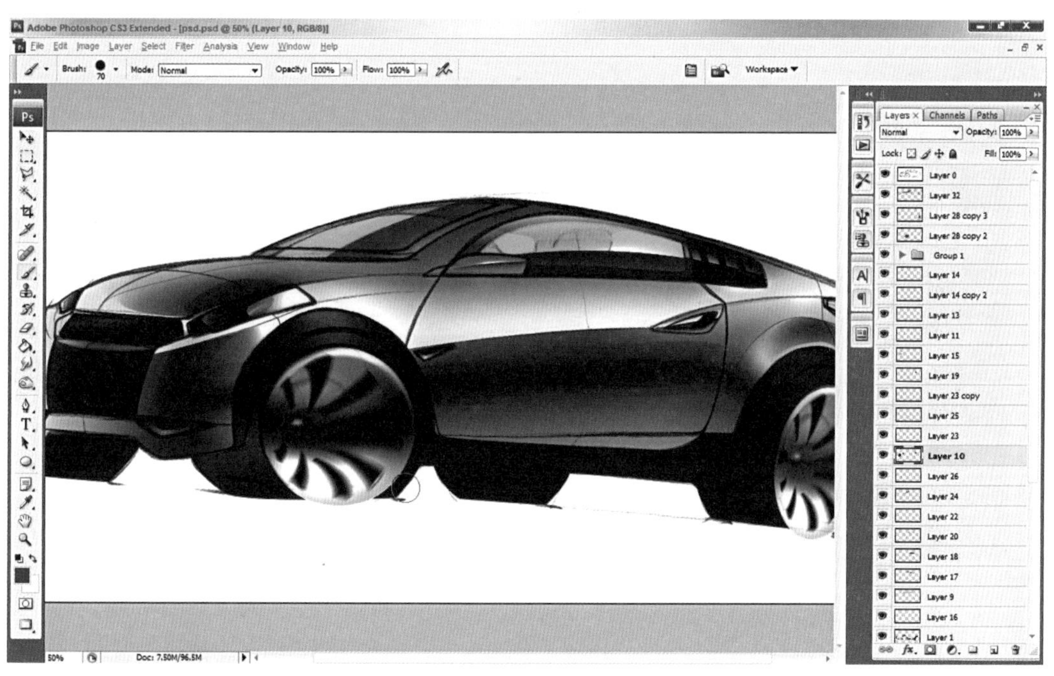

步骤 25 调整图层透明度，使色彩感觉舒适不突兀，再用橡皮擦去除多余的部分，尤其是高光带附近的色彩，只留下向上的曲面上的色彩。

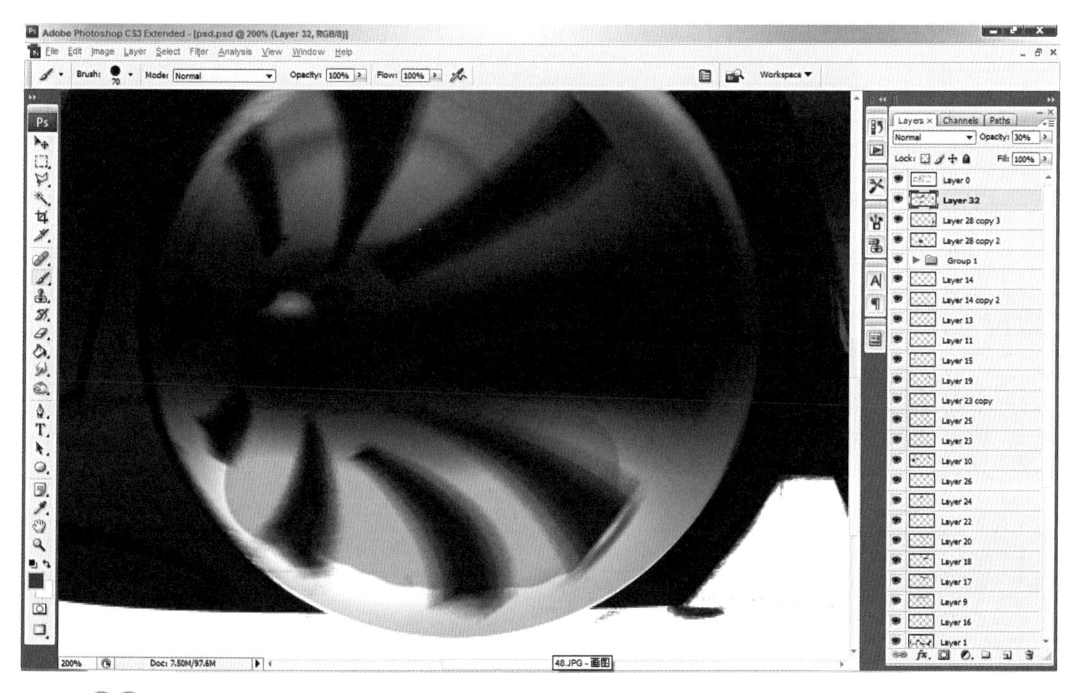

步骤 26 对轮毂向上的曲面也进行同样的处理。

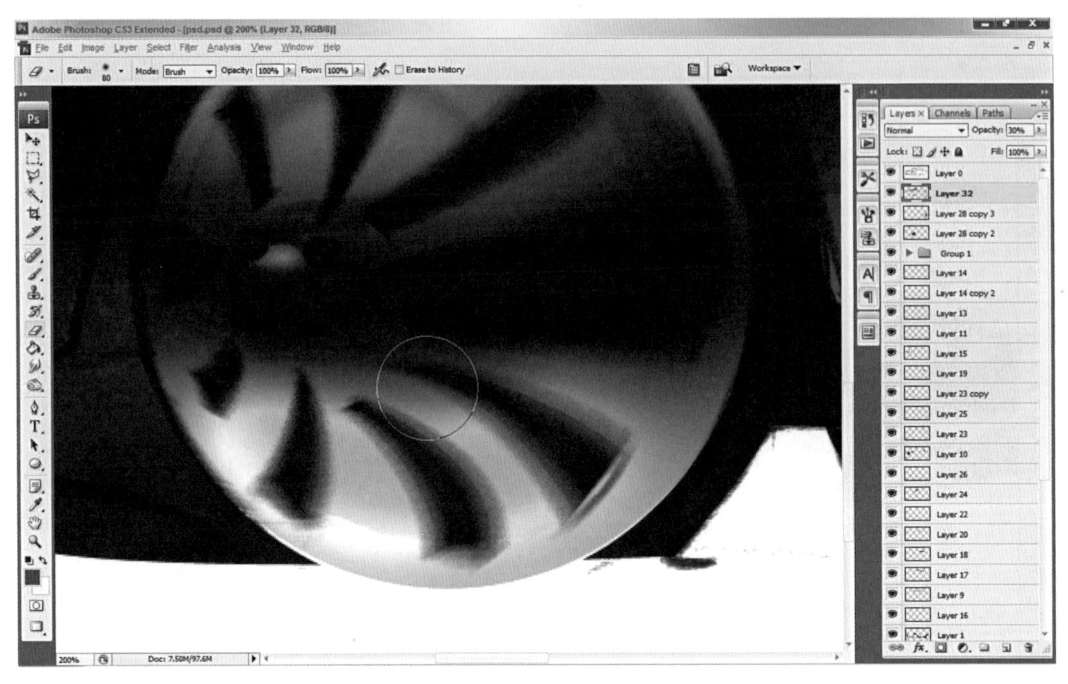

步骤 27 擦拭边缘使其均匀柔和。

步骤 28 接下来绘制地光反射，地光一般为地面反射到车身的光线，颜色偏暖。

步骤 29 剪裁掉不需要的部分。

步骤 30 调整图层透明度。

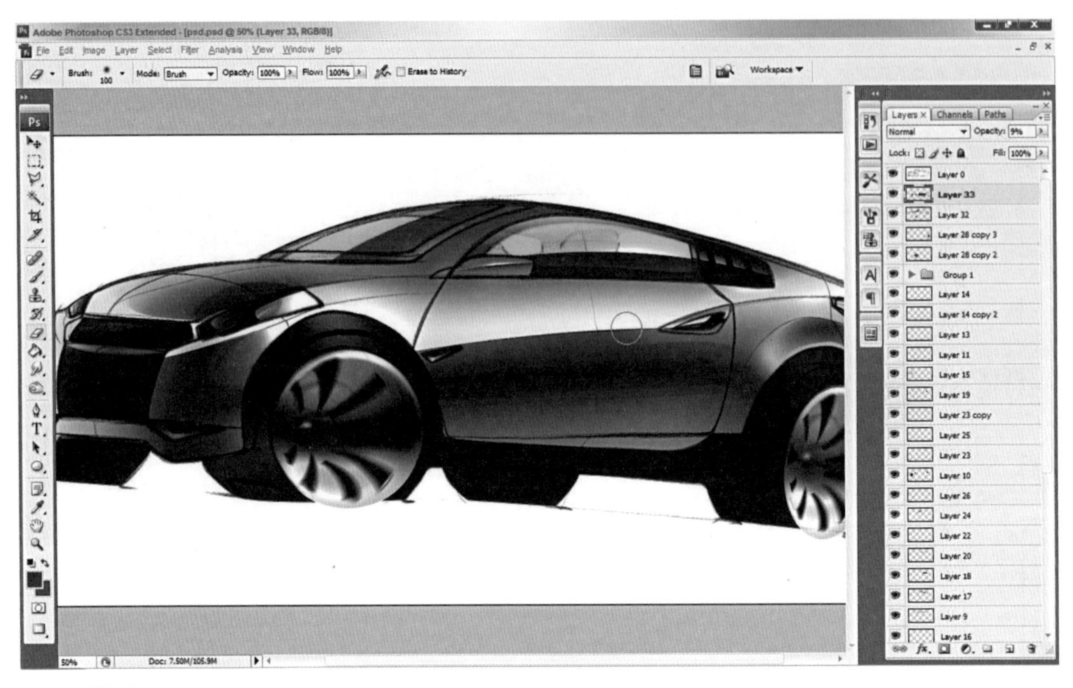

步骤 31 去除多余的部分，留下向下曲面部分的色彩。

步骤 32 填充地面阴影并调整角度，使阴影符合汽车的着地角度。

步骤 33 用橡皮擦擦掉多余的阴影。

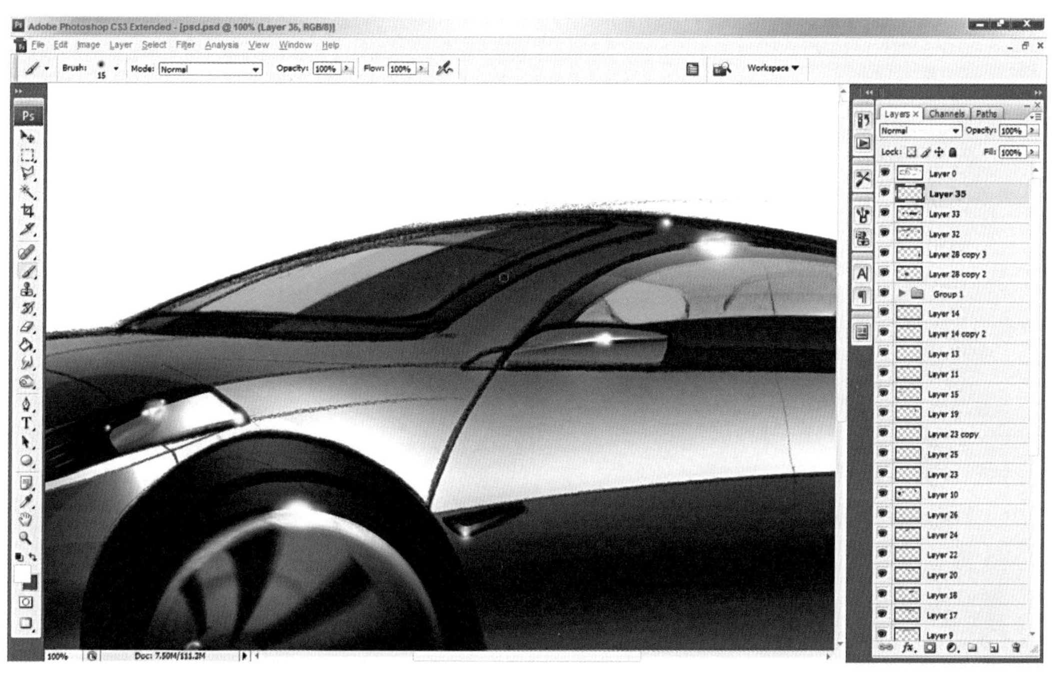

步骤 34 点高光，可以说是整个画车过程的点睛之笔。高光主要点在曲面的高点和向上曲面的拐点，光线往往都会在曲面的这些部分聚集，进而产生高光点。注意高光点不宜过多，过于频繁，否则会破坏画面的整体效果。

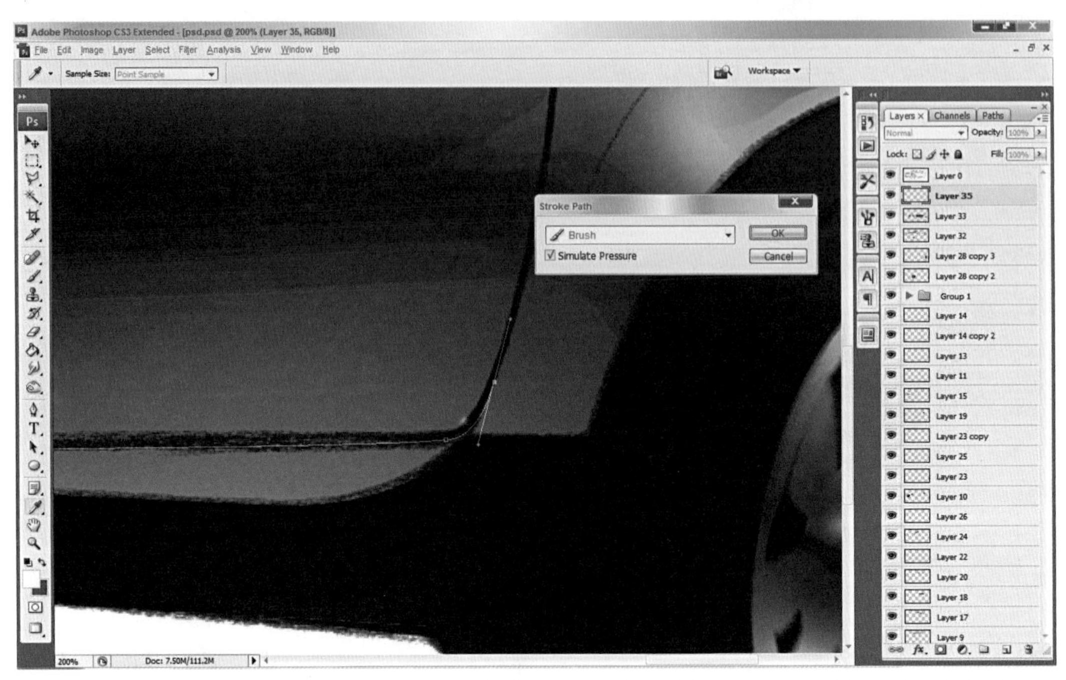

步骤 35 绘制门线，通过钢笔工具勾选路径，再使用描边工具对勾选的路径进行描绘，这样形成的曲线规整，易于控制。

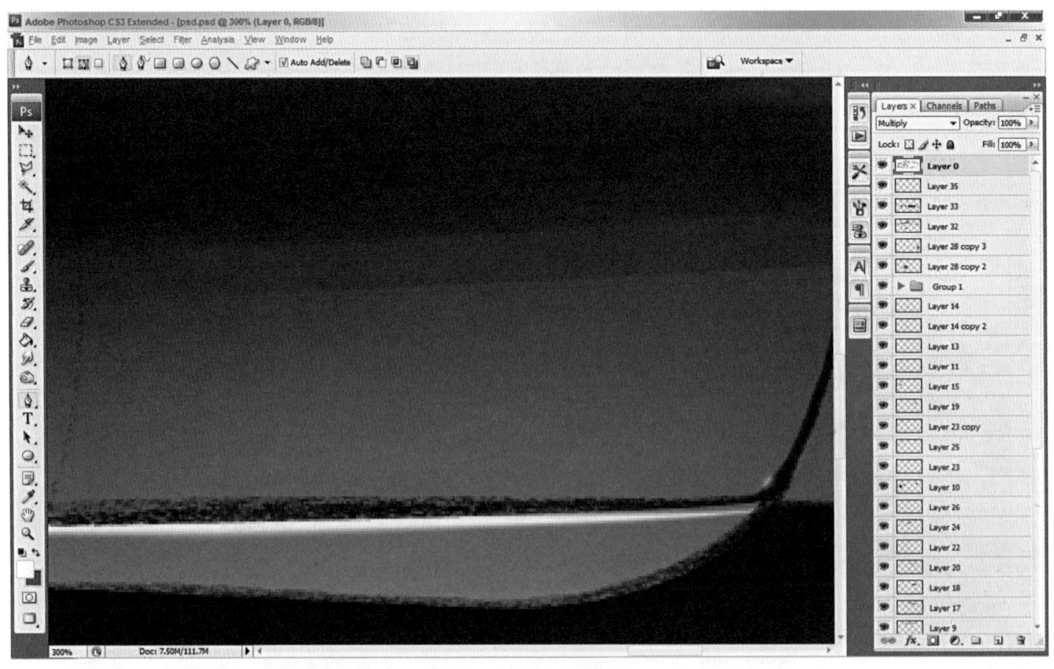

步骤 36 注意在对话框中勾选模拟压力选项，这样形成的曲线两头尖，中间粗，线条流畅饱满。

步骤 37 最终效果如图。

后 记

本书付梓之前，首先向北京工业大学建筑与城市规划学院工业设计系的全体师生表示感谢。本书的全部图片都来自于我系的毕业生与在校生之手。自1994年工业设计系创办以来，共毕业10余届本科毕业生。他们之中，有的已经成为屡获红点奖和红星奖的著名设计师，有的成为高校的教师，有的就读于国内外著名的艺术设计学府，更多的则是活跃于中国工业设计界的各个领域。我相信在不远的将来，他们会以更辉煌的成就来回报国家、社会和母校，我们将会以他们为骄傲。

感谢孟凡雷、吴峥、姚梦、戴铮、胡心宇、于杨、黄炜、张程、刘澍、朱云炜提供他们的心血之作；感谢霍旭勃、孙红梅、卢精蕾、熊静婷、王梦帆、陆乔、刘璐璐、周易为本书所做的大量的案头工作和图示绘制。所有参与过本书编纂的师生们，他们给予的无私帮助令我深深感动。

由于个人水平所限，书中难免有疏漏和不当之处，请专家、学者和广大读者给予批评指正。